高専テキストシリーズ

応用数学問題集［第2版］

上野 健爾 監修

高専の数学教材研究会 編

森北出版

まえがき

本書は，高専テキストシリーズの『応用数学（第 2 版）』に準拠した問題集である．各節は，［**まとめ**］に続いて，問題を難易度別に配置した．詳しい構成は，下記のとおりである．

まとめ　**いくつかの要項**
原則的に，教科書『応用数学（第 2 版）』にある枠で囲まれた定義や定理，公式に対応したものである．ここに書かれていることは，問題を解いていく上で必要不可欠であるので，しっかりと理解してほしい．

A 問題　**教科書の問レベル**
教科書の本文中の問に準拠してあり，問だけでは足りない分を補う役割を果たしている．これらの問題が解ければ，これ以後の学習に必要な内容が修得できるように配慮してある．

B 問題　**教科書の練習問題および定期試験レベル**
教科書の練習問題に準拠して，やや応用力や計算力を必要とする問題を配置している．教科書で割愛された典型的な問題も，この中に例題として収録し，直後にその理解のための問題をおいている．また，問題を解く上で必要な［**まとめ**］の内容や関連する問題を参照できるように，要項番号および問題番号を ［→］ で示している．

C 問題　**大学編入試験問題レベル**
編入試験問題の類題を各章末に配置した．脚注に〈point〉として考え方のヒントを示している．基礎的な問題から応用問題まで，その難易度は幅広いが，章全体の総合力を確認するために，ぜひチャレンジしてほしい．

解　答
全問に解答をつけた．とくに［**B**］，［**C**］問題の解答はできるだけ詳しく，その道筋がわかるように示した．

数学は，自らが考え問題を解くことによって理解が深まるものである．本書を活用することで，自分で考える習慣を身につけ，『応用数学（第 2 版）』で学習する内容の理解をより確実なものにしてほしい．また，大学編入試験対策にも役立つことを願っている．

2023 年 11 月

高専テキストシリーズ 執筆者一同

目　次

Chapter 1

ベクトル解析

1 ベクトル

まとめ

1.1 ベクトルの大きさと単位ベクトル，零ベクトル　ベクトル $\boldsymbol{a}$ または $\overrightarrow{\mathrm{AB}}$ の大きさを $|\boldsymbol{a}|$ または $\left|\overrightarrow{\mathrm{AB}}\right|$ で表す．大きさが1のベクトルを**単位ベクトル**という．また，大きさが0のベクトルを**零ベクトル**といい，$\boldsymbol{0}$ とかく．

1.2 ベクトルの平行　2つのベクトル $\boldsymbol{a}, \boldsymbol{b}$ に対して，$\boldsymbol{a} = t\boldsymbol{b}$ または $\boldsymbol{b} = t\boldsymbol{a}$ となる実数 t があるとき，$\boldsymbol{a}$ と $\boldsymbol{b}$ は互いに**平行**であるといい，$\boldsymbol{a} \mathbin{/\!/} \boldsymbol{b}$ と表す．

1.3 基本ベクトル　本書では，座標空間の x 軸，y 軸，z 軸の正の方向の単位ベクトル $\boldsymbol{i}, \boldsymbol{j}, \boldsymbol{k}$ が，右手系をなす（この順に右手の親指，人差し指，中指に重ねられる）ように座標系をとる．$\boldsymbol{i}, \boldsymbol{j}, \boldsymbol{k}$ を空間の**基本ベクトル**という．座標空間のベクトル $\boldsymbol{a}$ は，$\boldsymbol{a} = a_x\boldsymbol{i} + a_y\boldsymbol{j} + a_z\boldsymbol{k}$（$a_x, a_y, a_z$ は実数）と表すことができる．

1.4 ベクトルの内積と垂直　ベクトル $\boldsymbol{a}, \boldsymbol{b}$ のなす角を θ $(0 \leqq \theta \leqq \pi)$ とするとき，$\boldsymbol{a}, \boldsymbol{b}$ の内積 $\boldsymbol{a}\cdot\boldsymbol{b}$ を，$\boldsymbol{a}\cdot\boldsymbol{b} = |\boldsymbol{a}||\boldsymbol{b}|\cos\theta$ と定める．2つのベクトル $\boldsymbol{a}, \boldsymbol{b}$ が $\boldsymbol{a}\cdot\boldsymbol{b} = 0$ を満たすとき，$\boldsymbol{a}$ と $\boldsymbol{b}$ は互いに**垂直**であるといい，$\boldsymbol{a} \perp \boldsymbol{b}$ と表す．

1.5 ベクトルの大きさと内積の性質　$\boldsymbol{a} = a_x\boldsymbol{i}+a_y\boldsymbol{j}+a_z\boldsymbol{k}$, $\boldsymbol{b} = b_x\boldsymbol{i}+b_y\boldsymbol{j}+b_z\boldsymbol{k}$ に対して，

$$|\boldsymbol{a}| = \sqrt{{a_x}^2 + {a_y}^2 + {a_z}^2}, \quad \boldsymbol{a}\cdot\boldsymbol{b} = a_xb_x + a_yb_y + a_zb_z$$

が成り立つ．さらに，t を実数とするとき，次が成り立つ．

(1) $\boldsymbol{a}\cdot\boldsymbol{a} = |\boldsymbol{a}|^2$，とくに　$|\boldsymbol{a}| = 0 \iff \boldsymbol{a} = \boldsymbol{0}$

(2) $\boldsymbol{a}\cdot\boldsymbol{b} = \boldsymbol{b}\cdot\boldsymbol{a}$

(3) $\boldsymbol{a}\cdot(\boldsymbol{b}+\boldsymbol{c}) = \boldsymbol{a}\cdot\boldsymbol{b}+\boldsymbol{a}\cdot\boldsymbol{c}$,　$(\boldsymbol{a}+\boldsymbol{b})\cdot\boldsymbol{c} = \boldsymbol{a}\cdot\boldsymbol{c}+\boldsymbol{b}\cdot\boldsymbol{c}$

(4) $(t\boldsymbol{a})\cdot\boldsymbol{b} = \boldsymbol{a}\cdot(t\boldsymbol{b}) = t(\boldsymbol{a}\cdot\boldsymbol{b})$

(5) $|\boldsymbol{a}\cdot\boldsymbol{b}| \leqq |\boldsymbol{a}||\boldsymbol{b}|$　（等号は $\boldsymbol{a} \mathbin{/\!/} \boldsymbol{b}$ のときに限って成り立つ）

1.6 ベクトルの外積　ベクトル $\boldsymbol{a} = a_x\boldsymbol{i} + a_y\boldsymbol{j} + a_z\boldsymbol{k}$，$\boldsymbol{b} = b_x\boldsymbol{i} + b_y\boldsymbol{j} + b_z\boldsymbol{k}$ の外積 $\boldsymbol{a}\times\boldsymbol{b}$ を，次のように定める．

$$\boldsymbol{a}\times\boldsymbol{b} = \begin{vmatrix} \boldsymbol{i} & a_x & b_x \\ \boldsymbol{j} & a_y & b_y \\ \boldsymbol{k} & a_z & b_z \end{vmatrix} = \begin{vmatrix} a_y & b_y \\ a_z & b_z \end{vmatrix}\boldsymbol{i} - \begin{vmatrix} a_x & b_x \\ a_z & b_z \end{vmatrix}\boldsymbol{j} + \begin{vmatrix} a_x & b_x \\ a_y & b_y \end{vmatrix}\boldsymbol{k}$$

1.7 外積の性質 I　ベクトル $\boldsymbol{a}, \boldsymbol{b}$ の外積 $\boldsymbol{a}\times\boldsymbol{b}$ は次の性質をもつ．

(1) $\boldsymbol{a}\times\boldsymbol{b}$ は，$\boldsymbol{a}, \boldsymbol{b}$ と垂直である．

(2) $\boldsymbol{a}, \boldsymbol{b}$ が平行でないとき，$\boldsymbol{a}, \boldsymbol{b}, \boldsymbol{a}\times\boldsymbol{b}$ はこの順で右手系をなす．

(3) $\boldsymbol{a}\times\boldsymbol{b}$ の大きさは $\boldsymbol{a}, \boldsymbol{b}$ が作る平行四辺形の面積である．

1.8 外積の性質 II　ベクトル $\boldsymbol{a}, \boldsymbol{b}, \boldsymbol{c}$ および実数 t について，次が成り立つ．

(1) $\boldsymbol{a}\times\boldsymbol{b} = -\boldsymbol{b}\times\boldsymbol{a}$，とくに　$\boldsymbol{a}\times\boldsymbol{a} = \boldsymbol{0}$

(2) $(t\,\boldsymbol{a})\times\boldsymbol{b} = \boldsymbol{a}\times(t\,\boldsymbol{b}) = t\,(\boldsymbol{a}\times\boldsymbol{b})$

(3) $\boldsymbol{a}\times(\boldsymbol{b}+\boldsymbol{c}) = \boldsymbol{a}\times\boldsymbol{b} + \boldsymbol{a}\times\boldsymbol{c}$,　$(\boldsymbol{a}+\boldsymbol{b})\times\boldsymbol{c} = \boldsymbol{a}\times\boldsymbol{c} + \boldsymbol{b}\times\boldsymbol{c}$

1.9 スカラー 3 重積　3 つのベクトル $\boldsymbol{a} = a_x\boldsymbol{i} + a_y\boldsymbol{j} + a_z\boldsymbol{k}$, $\boldsymbol{b} = b_x\boldsymbol{i} + b_y\boldsymbol{j} + b_z\boldsymbol{k}$, $\boldsymbol{c} = c_x\boldsymbol{i} + c_y\boldsymbol{j} + c_z\boldsymbol{k}$ に対して，

$$\boldsymbol{a}\cdot(\boldsymbol{b}\times\boldsymbol{c}) = \begin{vmatrix} a_x & b_x & c_x \\ a_y & b_y & c_y \\ a_z & b_z & c_z \end{vmatrix}$$

を $\boldsymbol{a}$, $\boldsymbol{b}$, $\boldsymbol{c}$ の**スカラー 3 重積**という．$|\boldsymbol{a}\cdot(\boldsymbol{b}\times\boldsymbol{c})|$ は $\boldsymbol{a}$, $\boldsymbol{b}$, $\boldsymbol{c}$ が作る平行六面体の体積と等しい．スカラー 3 重積について，次が成り立つ．

$$\boldsymbol{a}\cdot(\boldsymbol{b}\times\boldsymbol{c}) = \boldsymbol{b}\cdot(\boldsymbol{c}\times\boldsymbol{a}) = \boldsymbol{c}\cdot(\boldsymbol{a}\times\boldsymbol{b})$$

1.10 平面の向きと面積ベクトル　空間にある平面 α の単位法線ベクトル $\boldsymbol{n}$ を選んで，これを**外向き**と定める．このとき，平面 α に**向きが定められた**という．向きが定められた平面 α に対して，ベクトル $\boldsymbol{a}$ は，$\boldsymbol{a}\cdot\boldsymbol{n} > 0$ のとき**外向き**，$\boldsymbol{a}\cdot\boldsymbol{n} < 0$ のとき**内向き**であるという．また，平面 α 上の図形 F に対して，大きさが F の面積に等しく，F に垂直な外向きのベクトルを，F の**面積ベクトル**という．

1.11 内積・外積・スカラー 3 重積の意味　長さの単位は [m]，時間の単位は [s]，力の単位は [N] とする．

(1) 力 $\boldsymbol{a}$ が移動 $\boldsymbol{x}$ に対してなす仕事 W は，内積 $W = \boldsymbol{a}\cdot\boldsymbol{x}$ [J] で表される．

(2) ベクトル $\boldsymbol{u}, \boldsymbol{v}$ が作る平行四辺形に向きが定められているとき，その面積ベクトル $\boldsymbol{S}$ は，外積 $\boldsymbol{S} = \pm\boldsymbol{u}\times\boldsymbol{v}$ で表される．符号は $\boldsymbol{u}\times\boldsymbol{v}$ が外向きのとき $+$，内向きのとき $-$ である．

(3) 一定の速度 $\boldsymbol{a}$ $\left[\mathrm{m^3/s}\right]$ で流れる流体の，ベクトル $\boldsymbol{u}, \boldsymbol{v}$ が作る向きが定められた平行四辺形からの単位時間あたりの流出量 U は，スカラー 3 重積 $U = \pm\boldsymbol{a}\cdot(\boldsymbol{u}\times\boldsymbol{v})$ $\left[\mathrm{m^3/s}\right]$ で表される．符号は (2) と同様に定める．

A

Q1.1　次のベクトル $\boldsymbol{a}$ に対して，$|\boldsymbol{a}|$ および $\boldsymbol{a}$ と同じ向きの単位ベクトルを求めよ．

(1) $\boldsymbol{a} = \boldsymbol{i} - 2\boldsymbol{j} + 3\boldsymbol{k}$　　(2) $\boldsymbol{a} = \boldsymbol{i} - \boldsymbol{j} + \boldsymbol{k}$

(3) $\boldsymbol{a} = 2\boldsymbol{i} + \boldsymbol{k}$　　(4) $\boldsymbol{a} = -3\boldsymbol{i} + \boldsymbol{j} + 4\boldsymbol{k}$

Q1.2　ベクトル $\boldsymbol{a} = 3\boldsymbol{i} - \boldsymbol{j} + 4\boldsymbol{k}$, $\boldsymbol{b} = 2\boldsymbol{i} + 7\boldsymbol{k}$, $\boldsymbol{c} = -5\boldsymbol{i} + 3\boldsymbol{j} + 7\boldsymbol{k}$ について，次の値を求めよ．

(1) $\boldsymbol{a}\cdot\boldsymbol{b}$　　(2) $\boldsymbol{b}\cdot\boldsymbol{c}$　　(3) $\boldsymbol{a}\cdot(3\boldsymbol{b} - \boldsymbol{c})$

Q1.3　ベクトル $\boldsymbol{a} = \boldsymbol{i} + 2\boldsymbol{j} - 3\boldsymbol{k}$, $\boldsymbol{b} = -\boldsymbol{i} + 5\boldsymbol{j} - 4\boldsymbol{k}$ のなす角 θ $(0 \leqq \theta \leqq \pi)$ を求めよ．

Q1.4　力 $\boldsymbol{a}$ の大きさが 10 N，移動距離 AB が 3 m であるとき，次のそれぞれの場合に，移動 $\boldsymbol{x} = \overrightarrow{\mathrm{AB}}$ に対して力 $\boldsymbol{a}$ がなす仕事を求めよ．

(1)

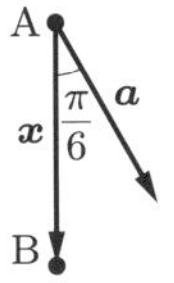

(2)

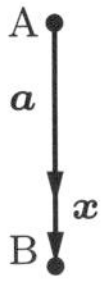

(3)

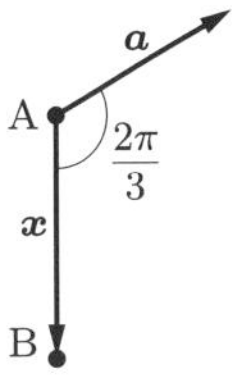

Q1.5　次のベクトル $\boldsymbol{a}, \boldsymbol{b}$ の外積 $\boldsymbol{a}\times\boldsymbol{b}$ を求めよ．また，$\boldsymbol{a}, \boldsymbol{b}$ が作る平行四辺形の面積 σ，単位法線ベクトル $\boldsymbol{v}$，および点 $(1, -3, 2)$ を通り $\boldsymbol{a}$ と $\boldsymbol{b}$ に平行な平面の方程式を求めよ．

(1) $\boldsymbol{a} = \boldsymbol{i} + 2\boldsymbol{k},\ \boldsymbol{b} = -\boldsymbol{j} + 3\boldsymbol{k}$　　(2) $\boldsymbol{a} = \boldsymbol{i} - \boldsymbol{j} + \boldsymbol{k},\ \boldsymbol{b} = -\boldsymbol{i} + 2\boldsymbol{j} + 3\boldsymbol{k}$

(3) $\boldsymbol{a} = 2\boldsymbol{i} - \boldsymbol{j} + 3\boldsymbol{k},\ \boldsymbol{b} = -5\boldsymbol{i} + 2\boldsymbol{j} - 7\boldsymbol{k}$

Q1.6　$\boldsymbol{a} = 4\boldsymbol{i} + 7\boldsymbol{j} - 3\boldsymbol{k}$, $\boldsymbol{b} = 2\boldsymbol{i} + \boldsymbol{j} + 4\boldsymbol{k}$, $\boldsymbol{c} = -7\boldsymbol{i} - 8\boldsymbol{j} - 5\boldsymbol{k}$ であるとき，次の値を求めよ．

(1) $\boldsymbol{a}\cdot(\boldsymbol{b}\times\boldsymbol{c})$　　(2) $\boldsymbol{b}\cdot(\boldsymbol{a}\times\boldsymbol{c})$

Q1.7　速度 $\boldsymbol{a} = 5\boldsymbol{i} - 2\boldsymbol{k}$ で流れる流体の中に，ベクトル $\boldsymbol{u} = -2\boldsymbol{i} + 3\boldsymbol{j}$, $\boldsymbol{v} = 3\boldsymbol{i} + 3\boldsymbol{j}$ が作る平行四辺形がある．$\boldsymbol{u} \times \boldsymbol{v}$ がこの平行四辺形の外向きのベクトルであるとき，この平行四辺形からの単位時間あたりの流出量 U を求めよ．ただし，長さの単位は [m]，速度の単位は [m/s] とせよ．

B

Q1.8　次のベクトル $\boldsymbol{a}, \boldsymbol{b}$ が平行となるとき，定数 x, y の値を求めよ．　**→ まとめ 1.2**

(1) $\boldsymbol{a} = x\boldsymbol{i} + 2\boldsymbol{j} - 3\boldsymbol{k}$,　$\boldsymbol{b} = \boldsymbol{i} + y\boldsymbol{j} + 2\boldsymbol{k}$

(2) $\boldsymbol{a} = \boldsymbol{i} + 3y\boldsymbol{j} - \boldsymbol{k}$,　$\boldsymbol{b} = -2\boldsymbol{i} + \boldsymbol{j} + 2x\boldsymbol{k}$

(3) $\boldsymbol{a} = 2x\boldsymbol{i} + 3y\boldsymbol{j} + 3\boldsymbol{k}$,　$\boldsymbol{b} = 3y\boldsymbol{i} + \boldsymbol{j} + y\boldsymbol{k}$

Q1.9　ベクトル $\boldsymbol{a} = \boldsymbol{i} - 2\boldsymbol{j} + t\boldsymbol{k}$, $\boldsymbol{b} = -2\boldsymbol{i} + t\boldsymbol{j} + \boldsymbol{k}$ が垂直であるような定数 t の値を求めよ．

→ まとめ 1.4

Q1.10　xy 平面上のベクトルで，$\boldsymbol{a} = 2\boldsymbol{i} - \boldsymbol{j} + \boldsymbol{k}$ と垂直な単位ベクトルを求めよ．

→ まとめ 1.4, 1.5, Q1.1

Q1.11　ベクトル $\boldsymbol{a} = 3\boldsymbol{i} - \boldsymbol{j} + 4\boldsymbol{k}$, $\boldsymbol{b} = \boldsymbol{i} - 2\boldsymbol{k}$, $\boldsymbol{c} = \boldsymbol{i} - \boldsymbol{j} + 2\boldsymbol{k}$ について，次の値を求めよ．

→ まとめ 1.5, Q1.2

(1) $(\boldsymbol{a} + \boldsymbol{b}) \cdot \boldsymbol{c}$　　(2) $(\boldsymbol{b} - \boldsymbol{a}) \cdot (\boldsymbol{c} - \boldsymbol{a})$　　(3) $(2\boldsymbol{a} - \boldsymbol{b}) \cdot (\boldsymbol{c} + \boldsymbol{b})$

Q1.12　次の不等式が成り立つことを証明せよ．これらの不等式を**三角不等式**という．

→ まとめ 1.4, 1.5

(1) $|\boldsymbol{a} + \boldsymbol{b}| \leqq |\boldsymbol{a}| + |\boldsymbol{b}|$　　(2) $|\boldsymbol{a} - \boldsymbol{b}| \geqq |\boldsymbol{a}| - |\boldsymbol{b}|$

Q1.13　ベクトル $\boldsymbol{a} = \boldsymbol{j} - \boldsymbol{k}$, $\boldsymbol{b} = \boldsymbol{i} - 2\boldsymbol{j} + \boldsymbol{k}$ について，次のベクトルを求めよ．

→ まとめ 1.6, 1.8, Q1.5

(1) $\boldsymbol{a} \times \boldsymbol{b}$　　(2) $(2\boldsymbol{a} - 3\boldsymbol{b}) \times (2\boldsymbol{a} + 3\boldsymbol{b})$

例題 1.1

ベクトル $\boldsymbol{a}, \boldsymbol{b}, \boldsymbol{c}$ のスカラー 3 重積が 0 であることと，3 つのベクトル $\boldsymbol{a}, \boldsymbol{b}, \boldsymbol{c}$ が同一平面上にあることは同値になる．

このことを使って，3 点 A$(3, 1, 2)$, B$(-1, 1, -2)$, C$(2, -1, 1)$ を通る平面の方程式を求めよ．

解　求める平面上に点 P(x, y, z) をとると，ベクトル $\overrightarrow{\mathrm{AB}}, \overrightarrow{\mathrm{AC}}, \overrightarrow{\mathrm{AP}}$ は同一平面上にある．よって，

$$\overrightarrow{\mathrm{AB}}\cdot(\overrightarrow{\mathrm{AC}}\times\overrightarrow{\mathrm{AP}})=\begin{vmatrix}-4 & -1 & x-3\\ 0 & -2 & y-1\\ -4 & -1 & z-2\end{vmatrix}=8z-8x+8=0$$

が成り立つ．したがって，求める平面の方程式は $x-z=1$ である．

Q1.14　3 点 A(2, −2, −1), B(−1, 3, 1), C(1, −1, 3) に対して，次の問いに答えよ．

(1) 3 点 A, B, C の位置ベクトルをそれぞれ $\boldsymbol{a}, \boldsymbol{b}, \boldsymbol{c}$ としたとき，$\boldsymbol{a}, \boldsymbol{b}, \boldsymbol{c}$ が作る平行六面体の体積を求めよ．

(2) 3 点 A, B, C を通る平面の方程式を求めよ．

Q1.15　$\boldsymbol{a}=\overrightarrow{\mathrm{OA}}$, $\boldsymbol{b}=\overrightarrow{\mathrm{OB}}$ を $\boldsymbol{0}$ でないベクトルとする．点 B から直線 OA に下ろした垂線と直線 OA との交点を H とするとき，ベクトル $\overrightarrow{\mathrm{OH}}$ を $\boldsymbol{b}$ の $\boldsymbol{a}$ の上への**正射影**という．正射影 $\overrightarrow{\mathrm{OH}}$ について，

$$\overrightarrow{\mathrm{OH}}=\frac{\boldsymbol{a}\cdot\boldsymbol{b}}{|\boldsymbol{a}|^2}\boldsymbol{a}$$

が成り立つ．

次のベクトル $\boldsymbol{a}, \boldsymbol{b}$ に対して，$\boldsymbol{b}$ の $\boldsymbol{a}$ の上への正射影およびその大きさを求めよ．

→ まとめ 1.5

(1) $\boldsymbol{a}=-\boldsymbol{i}+\boldsymbol{j}+\boldsymbol{k},\ \boldsymbol{b}=\boldsymbol{i}+2\boldsymbol{j}+\boldsymbol{k}$　(2) $\boldsymbol{a}=\boldsymbol{i},\ \boldsymbol{b}=-2\boldsymbol{i}+3\boldsymbol{j}+2\boldsymbol{k}$

(3) $\boldsymbol{a}=\boldsymbol{i}+\boldsymbol{j}+\boldsymbol{k},\ \boldsymbol{b}=-3\boldsymbol{i}-\boldsymbol{j}+2\boldsymbol{k}$　(4) $\boldsymbol{a}=\boldsymbol{i}+2\boldsymbol{j},\ \boldsymbol{b}=2\boldsymbol{i}-3\boldsymbol{j}-\boldsymbol{k}$

例題 1.2

ベクトル $\boldsymbol{a}, \boldsymbol{b}, \boldsymbol{c}$ に対して，

$$\boldsymbol{a}\times(\boldsymbol{b}\times\boldsymbol{c})$$

を**ベクトル 3 重積**という．任意のベクトル $\boldsymbol{a}, \boldsymbol{b}, \boldsymbol{c}$ について，

$$\boldsymbol{a}\times(\boldsymbol{b}\times\boldsymbol{c})=(\boldsymbol{a}\cdot\boldsymbol{c})\boldsymbol{b}-(\boldsymbol{a}\cdot\boldsymbol{b})\boldsymbol{c}$$

が成り立つことを証明せよ．

証明　$\boldsymbol{a}=a_x\boldsymbol{i}+a_y\boldsymbol{j}+a_z\boldsymbol{k}$, $\boldsymbol{b}=b_x\boldsymbol{i}+b_y\boldsymbol{j}+b_z\boldsymbol{k}$, $\boldsymbol{c}=c_x\boldsymbol{i}+c_y\boldsymbol{j}+c_z\boldsymbol{k}$ とすると，

$$\boldsymbol{b}\times\boldsymbol{c}=\begin{vmatrix}b_y & c_y\\ b_z & c_z\end{vmatrix}\boldsymbol{i}-\begin{vmatrix}b_x & c_x\\ b_z & c_z\end{vmatrix}\boldsymbol{j}+\begin{vmatrix}b_x & c_x\\ b_y & c_y\end{vmatrix}\boldsymbol{k}$$ であるから，

$$
\begin{aligned}
\text{左辺} &= \left(a_y\begin{vmatrix} b_x & c_x \\ b_y & c_y \end{vmatrix} + a_z\begin{vmatrix} b_x & c_x \\ b_z & c_z \end{vmatrix}\right)\boldsymbol{i} - \left(a_x\begin{vmatrix} b_x & c_x \\ b_y & c_y \end{vmatrix} - a_z\begin{vmatrix} b_y & c_y \\ b_z & c_z \end{vmatrix}\right)\boldsymbol{j} \\
&\quad + \left(-a_x\begin{vmatrix} b_x & c_x \\ b_z & c_z \end{vmatrix} - a_y\begin{vmatrix} b_y & c_y \\ b_z & c_z \end{vmatrix}\right)\boldsymbol{k} \\
&= \{a_y(b_xc_y - b_yc_x) + a_z(b_xc_z - b_zc_x)\}\,\boldsymbol{i} \\
&\quad + \{a_x(b_yc_x - b_xc_y) + a_z(b_yc_z - b_zc_y)\}\,\boldsymbol{j} \\
&\quad + \{a_x(b_zc_x - b_xc_z) + a_y(b_zc_y - b_yc_z)\}\boldsymbol{k}
\end{aligned}
$$

$$
\begin{aligned}
\text{右辺の } x \text{ 成分} &= (\boldsymbol{a}\cdot\boldsymbol{c})b_x - (\boldsymbol{a}\cdot\boldsymbol{b})c_x \\
&= (a_xc_x + a_yc_y + a_zc_z)b_x - (a_xb_x + a_yb_y + a_zb_z)c_x \\
&= a_y(b_xc_y - b_yc_x) + a_z(b_xc_z - b_zc_x) \\
\text{右辺の } y \text{ 成分} &= (\boldsymbol{a}\cdot\boldsymbol{c})b_y - (\boldsymbol{a}\cdot\boldsymbol{b})c_y \\
&= (a_xc_x + a_yc_y + a_zc_z)b_y - (a_xb_x + a_yb_y + a_zb_z)c_y \\
&= a_x(b_yc_x - b_xc_y) + a_z(b_yc_z - b_zc_y) \\
\text{右辺の } z \text{ 成分} &= (\boldsymbol{a}\cdot\boldsymbol{c})b_z - (\boldsymbol{a}\cdot\boldsymbol{b})c_z \\
&= (a_xc_x + a_yc_y + a_zc_z)b_z - (a_xb_x + a_yb_y + a_zb_z)c_z \\
&= a_x(b_zc_x - b_xc_z) + a_y(b_zc_y - b_yc_z)
\end{aligned}
$$

以上により，等式が成り立つ． 証明終

Q1.16 $\boldsymbol{a} = \boldsymbol{i} - 2\boldsymbol{j} + 3\boldsymbol{k}$, $\boldsymbol{b} = 4\boldsymbol{i} + 3\boldsymbol{j} - 2\boldsymbol{k}$, $\boldsymbol{c} = 2\boldsymbol{j} - \boldsymbol{k}$ とするとき，次のベクトルを求めよ．

(1) $\boldsymbol{a} \times (\boldsymbol{b} \times \boldsymbol{c})$　　(2) $(\boldsymbol{a} \times \boldsymbol{b}) \times \boldsymbol{c}$

Q1.17 次の等式が成り立つことを証明せよ． → まとめ 1.5, 1.9

(1) $(\boldsymbol{a} \times \boldsymbol{b})\cdot(\boldsymbol{c} \times \boldsymbol{d}) = (\boldsymbol{a}\cdot\boldsymbol{c})(\boldsymbol{b}\cdot\boldsymbol{d}) - (\boldsymbol{a}\cdot\boldsymbol{d})(\boldsymbol{b}\cdot\boldsymbol{c})$

(2) $\boldsymbol{a} \times (\boldsymbol{b} \times \boldsymbol{c}) + \boldsymbol{b} \times (\boldsymbol{c} \times \boldsymbol{a}) + \boldsymbol{c} \times (\boldsymbol{a} \times \boldsymbol{b}) = \boldsymbol{0}$

(3) $$\begin{aligned}(\boldsymbol{a} \times \boldsymbol{b}) \times (\boldsymbol{c} \times \boldsymbol{d}) &= \{\boldsymbol{a}\cdot(\boldsymbol{b} \times \boldsymbol{d})\}\,\boldsymbol{c} - \{\boldsymbol{a}\cdot(\boldsymbol{b} \times \boldsymbol{c})\}\,\boldsymbol{d} \\ &= \{\boldsymbol{a}\cdot(\boldsymbol{c} \times \boldsymbol{d})\}\,\boldsymbol{b} - \{\boldsymbol{b}\cdot(\boldsymbol{c} \times \boldsymbol{d})\}\,\boldsymbol{a}\end{aligned}$$

(4) $(\boldsymbol{a} \times \boldsymbol{b})\cdot\{(\boldsymbol{b} \times \boldsymbol{c}) \times (\boldsymbol{c} \times \boldsymbol{a})\} = \{\boldsymbol{a}\cdot(\boldsymbol{b} \times \boldsymbol{c})\}^2$

2 勾配，発散，回転

まとめ

2.1 スカラー場とベクトル場　空間の各点Pに対して1つの実数 φ が定まるとき，この対応 φ を**スカラー場**といい，1つのベクトル $\boldsymbol{a}$ が定まるとき，この対応 $\boldsymbol{a}$ を**ベクトル場**という．スカラー場 φ またはベクトル場 $\boldsymbol{a}$ が定められた点全体を，φ または $\boldsymbol{a}$ の**定義域**という．スカラー場 φ の値が一定である点全体が曲面を作るとき，この曲面を φ の**等位面**という．

2.2 スカラー場の勾配　ベクトル ∇ を $\nabla = \boldsymbol{i}\dfrac{\partial}{\partial x} + \boldsymbol{j}\dfrac{\partial}{\partial y} + \boldsymbol{k}\dfrac{\partial}{\partial z}$ とし，スカラー場 φ に対して，φ の**勾配** $\mathrm{grad}\,\varphi$ を，次のように定める．

$$\mathrm{grad}\,\varphi = \nabla\varphi = \boldsymbol{i}\frac{\partial\varphi}{\partial x} + \boldsymbol{j}\frac{\partial\varphi}{\partial y} + \boldsymbol{k}\frac{\partial\varphi}{\partial z}$$

2.3 勾配の性質　スカラー場 φ, ψ および定数 c について，次が成り立つ．

(1) $\mathrm{grad}\,(c\varphi) = c\,\mathrm{grad}\,\varphi,\qquad \nabla(c\varphi) = c\nabla\varphi$

(2) $\mathrm{grad}\,(\varphi+\psi) = \mathrm{grad}\,\varphi + \mathrm{grad}\,\psi,\qquad \nabla(\varphi+\psi) = \nabla\varphi + \nabla\psi$

(3) $\mathrm{grad}\,(\varphi\psi) = (\mathrm{grad}\,\varphi)\psi + \varphi(\mathrm{grad}\,\psi),\qquad \nabla(\varphi\psi) = (\nabla\varphi)\psi + \varphi\nabla\psi$

2.4 方向微分係数　スカラー場 φ の定義域内に点Pをとり，$\boldsymbol{u}$ を単位ベクトルとする．$\mathrm{grad}\,\varphi(\mathrm{P})\cdot\boldsymbol{u}$ を点Pにおける φ の $\boldsymbol{u}$ 方向の**方向微分係数**といい，$D_{\boldsymbol{u}}\varphi$ と表す．$D_{\boldsymbol{u}}\varphi$ が最大となる $\boldsymbol{u}$ の向きを，φ の**最大傾斜方向**という．

2.5 勾配の意味　スカラー場 φ の勾配 $\mathrm{grad}\,\varphi$ は，次の性質をもつ．

(1) $\mathrm{grad}\,\varphi$ の向きは，φ の最大傾斜方向である．

(2) $\mathrm{grad}\,\varphi$ の大きさ $|\mathrm{grad}\,\varphi|$ は，φ の方向微分係数の最大値に等しい．

(3) $\mathrm{grad}\,\varphi$ は，φ の等位面と垂直である．

2.6 ベクトル場の発散　ベクトル場 $\boldsymbol{a} = a_x\boldsymbol{i} + a_y\boldsymbol{j} + a_z\boldsymbol{k}$ に対して，$\boldsymbol{a}$ の**発散** $\mathrm{div}\,\boldsymbol{a}$ を，次のように定める．

$$\mathrm{div}\,\boldsymbol{a} = \nabla\cdot\boldsymbol{a} = \frac{\partial a_x}{\partial x} + \frac{\partial a_y}{\partial y} + \frac{\partial a_z}{\partial z}$$

2.7 発散の性質 ベクトル場 $\boldsymbol{a}, \boldsymbol{b}$，スカラー場 φ および定数 c に対して，次が成り立つ．

(1) $\operatorname{div}(c\boldsymbol{a}) = c(\operatorname{div}\boldsymbol{a})$, $\nabla\cdot(c\boldsymbol{a}) = c(\nabla\cdot\boldsymbol{a})$

(2) $\operatorname{div}(\boldsymbol{a}+\boldsymbol{b}) = \operatorname{div}\boldsymbol{a} + \operatorname{div}\boldsymbol{b}$, $\nabla\cdot(\boldsymbol{a}+\boldsymbol{b}) = \nabla\cdot\boldsymbol{a} + \nabla\cdot\boldsymbol{b}$

(3) $\operatorname{div}(\varphi\boldsymbol{a}) = (\operatorname{grad}\varphi)\cdot\boldsymbol{a} + \varphi\operatorname{div}\boldsymbol{a}$, $\nabla\cdot(\varphi\boldsymbol{a}) = (\nabla\varphi)\cdot\boldsymbol{a} + \varphi\nabla\cdot\boldsymbol{a}$

2.8 ラプラシアン スカラー場 φ に対して，$\operatorname{div}(\operatorname{grad}\varphi) = \nabla\cdot\nabla\varphi$ で定められるスカラー場を φ の**ラプラシアン**といい，$\nabla^2\varphi$ または $\Delta\varphi$ で表す．$\nabla^2\varphi = \dfrac{\partial^2\varphi}{\partial x^2} + \dfrac{\partial^2\varphi}{\partial y^2} + \dfrac{\partial^2\varphi}{\partial z^2}$ となる．

2.9 ベクトル場の回転 ベクトル場 $\boldsymbol{a} = a_x\boldsymbol{i} + a_y\boldsymbol{j} + a_z\boldsymbol{k}$ に対して，$\boldsymbol{a}$ の回転 $\operatorname{rot}\boldsymbol{a}$ を次のように定める．

$$\operatorname{rot}\boldsymbol{a} = \nabla\times\boldsymbol{a} = \begin{vmatrix} \boldsymbol{i} & \dfrac{\partial}{\partial x} & a_x \\ \boldsymbol{j} & \dfrac{\partial}{\partial y} & a_y \\ \boldsymbol{k} & \dfrac{\partial}{\partial z} & a_z \end{vmatrix}$$

$$= \left(\frac{\partial a_z}{\partial y} - \frac{\partial a_y}{\partial z}\right)\boldsymbol{i} - \left(\frac{\partial a_z}{\partial x} - \frac{\partial a_x}{\partial z}\right)\boldsymbol{j} + \left(\frac{\partial a_y}{\partial x} - \frac{\partial a_x}{\partial y}\right)\boldsymbol{k}$$

2.10 回転の性質 ベクトル場 $\boldsymbol{a}, \boldsymbol{b}$，スカラー場 φ および定数 c に対して，次が成り立つ．

(1) $\operatorname{rot}(c\boldsymbol{a}) = c(\operatorname{rot}\boldsymbol{a})$, $\nabla\times(c\boldsymbol{a}) = c(\nabla\times\boldsymbol{a})$

(2) $\operatorname{rot}(\boldsymbol{a}+\boldsymbol{b}) = \operatorname{rot}\boldsymbol{a} + \operatorname{rot}\boldsymbol{b}$, $\nabla\times(\boldsymbol{a}+\boldsymbol{b}) = \nabla\times\boldsymbol{a} + \nabla\times\boldsymbol{b}$

(3) $\operatorname{rot}(\varphi\boldsymbol{a}) = (\operatorname{grad}\varphi)\times\boldsymbol{a} + \varphi(\operatorname{rot}\boldsymbol{a})$, $\nabla\times(\varphi\boldsymbol{a}) = (\nabla\varphi)\times\boldsymbol{a} + \varphi(\nabla\times\boldsymbol{a})$

(4) $\operatorname{rot}(\operatorname{grad}\varphi) = \boldsymbol{0}$, $\nabla\times(\nabla\varphi) = \boldsymbol{0}$

(5) $\operatorname{div}(\operatorname{rot}\boldsymbol{a}) = 0$, $\nabla\cdot(\nabla\times\boldsymbol{a}) = 0$

2.11 発散・回転の意味

(1) 速度がベクトル場 $\boldsymbol{a}$ である流体の中にある，微小な立体からの単位時間あたりの流体の流出量を ΔU とする．立体の体積を $\Delta\omega$ とするとき，$\Delta U \fallingdotseq (\operatorname{div}\boldsymbol{a})\,\Delta\omega$ が成り立つ．

(2) 向きが定められた微小な平面図形 F の面積ベクトルを $\Delta\boldsymbol{S}$ とする．F の周囲を，外向きに立って F の内部を左手に見ながら 1 周する移動（この向きを**正の向き**という）に対して，力 $\boldsymbol{a}$ がなす仕事を ΔW とするとき，$\Delta W \fallingdotseq (\mathrm{rot}\,\boldsymbol{a})\cdot\Delta\boldsymbol{S}$ が成り立つ．

A

Q2.1 次のスカラー場の等位面 $\varphi = k$ はどのような曲面か．

(1) $\varphi = x + y - z$　　(2) $\varphi = \dfrac{1}{x^2+y^2}$

Q2.2 下記の ● で指定された点において，次のベクトル場 $\boldsymbol{a}$ から定まるベクトルを図中に記入せよ．

(1) $\boldsymbol{a} = x\boldsymbol{i} + \boldsymbol{j}$　　(2) $\boldsymbol{a} = \dfrac{1}{x^2+y^2}(x\boldsymbol{i} + y\boldsymbol{j})$

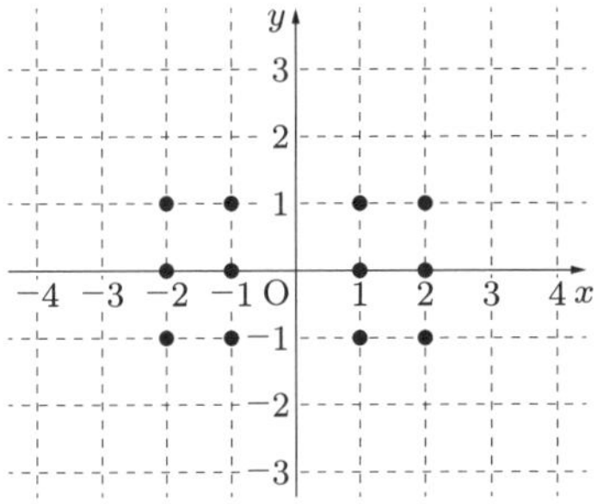

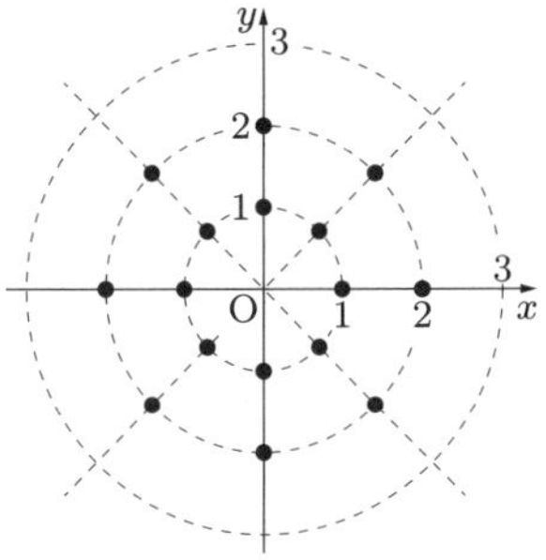

Q2.3 次のスカラー場 φ の勾配 $\mathrm{grad}\,\varphi$ を求めよ．

(1) $\varphi = xy^2z^3$　　(2) $\varphi = \sqrt{x^2+y^2}$

(3) $\varphi = y^2$　　(4) $\varphi = 3xy^2 + 2x^2z$

Q2.4 スカラー場 φ, ψ に対して，次が成り立つことを示せ．

(1) $\nabla\left(\dfrac{1}{\varphi}\right) = -\dfrac{\nabla\varphi}{\varphi^2}$　　(2) $\nabla\left(\dfrac{\varphi}{\psi}\right) = \dfrac{(\nabla\varphi)\psi - \varphi(\nabla\psi)}{\psi^2}$

Q2.5 点 P の座標を $(-1, 1, 0)$ とする．スカラー場 $\varphi = x^2 + y^3$ について，次の問いに答えよ．

(1) φ の勾配 $\mathrm{grad}\,\varphi$ および $\mathrm{grad}\,\varphi(\mathrm{P})$ を求めよ．

(2) $\boldsymbol{u} = \dfrac{1}{\sqrt{5}}(2\boldsymbol{i} - \boldsymbol{j})$ とするとき，点 P における $\boldsymbol{u}$ 方向の方向微分係数 $D_{\boldsymbol{u}}\varphi(\mathrm{P})$ を求めよ．

(3) 方向微分係数 $D_{\boldsymbol{u}}\varphi(\mathrm{P})$ が最大となる単位ベクトル $\boldsymbol{u}$ を求めよ．

Q2.6　次のベクトル場 $\boldsymbol{a}$ の発散 $\mathrm{div}\,\boldsymbol{a}$ を求めよ．

(1) $\boldsymbol{a} = y\,\boldsymbol{i} + z\,\boldsymbol{j} + x\,\boldsymbol{k}$　(2) $\boldsymbol{a} = (x+y)\boldsymbol{i} + (y+z)\boldsymbol{j} + (z+x)\boldsymbol{k}$

(3) $\boldsymbol{a} = x\,\boldsymbol{i} + xy\,\boldsymbol{j} + xyz\,\boldsymbol{k}$　(4) $\boldsymbol{a} = x^2y^2\,\boldsymbol{i} + y^2z^2\,\boldsymbol{j} + z^2x^2\,\boldsymbol{k}$

Q2.7　ベクトル場 $\boldsymbol{a}, \boldsymbol{b}$ に対して $\nabla\cdot(\boldsymbol{a}+\boldsymbol{b}) = \nabla\cdot\boldsymbol{a} + \nabla\cdot\boldsymbol{b}$ が成り立つことを証明せよ．

Q2.8　$\varphi = \log(x^2+y^2+z^2)$ のとき，$\nabla^2\varphi$ を求めよ．

Q2.9　次のベクトル場 $\boldsymbol{a}$ の回転 $\mathrm{rot}\,\boldsymbol{a}$ を求めよ．

(1) $\boldsymbol{a} = -y\,\boldsymbol{i} + x\,\boldsymbol{j} + z\,\boldsymbol{k}$　(2) $\boldsymbol{a} = y^2z^3\,\boldsymbol{i} + 2xyz\,\boldsymbol{j} - 3z\,\boldsymbol{k}$

(3) $\boldsymbol{a} = xyz\,\boldsymbol{i} + xyz\,\boldsymbol{j} + xyz\,\boldsymbol{k}$　(4) $\boldsymbol{a} = z^2x^2\,\boldsymbol{i} + x^2y^2\,\boldsymbol{j} + y^2z^2\,\boldsymbol{k}$

Q2.10　次の問いに答えよ．

(1) ベクトル場 $\boldsymbol{a} = y\,\boldsymbol{j}$ の回転は $\boldsymbol{0}$ である．回転の意味を考えてこれを説明せよ．

(2) ベクトル場 $\boldsymbol{b} = y\,\boldsymbol{i}$ の回転は $\boldsymbol{0}$ とはならない．回転の意味を考えてこれを説明せよ．

B

Q2.11　次のスカラー場 φ の勾配 $\mathrm{grad}\,\varphi$ を求めよ．　→ まとめ 2.2, Q2.3

(1) $\varphi = \sin xy + z$　(2) $\varphi = e^x \log y$

(3) $\varphi = e^{x+y+z}$　(4) $\varphi = x\sin^{-1} yz$

Q2.12　次のベクトル場 $\boldsymbol{a}$ の発散 $\mathrm{div}\,\boldsymbol{a}$ と回転 $\mathrm{rot}\,\boldsymbol{a}$ を求めよ．

→ まとめ 2.6, 2.9, Q2.6, Q2.9

(1) $\boldsymbol{a} = xy\,\boldsymbol{i} + yz\,\boldsymbol{j} + zx\,\boldsymbol{k}$

(2) $\boldsymbol{a} = \log(x^2+y^2)\boldsymbol{i} + \log(y^2+z^2)\boldsymbol{j} + \log(z^2+x^2)\boldsymbol{k}$

(3) $\boldsymbol{a} = \sin xy\,\boldsymbol{i} - \cos(y+z)\,\boldsymbol{j} + \tan z\,\boldsymbol{k}$

(4) $\boldsymbol{a} = e^x \log y\,\boldsymbol{i} + \log(x^2+y^2)\,\boldsymbol{j} + e^{xyz}\,\boldsymbol{k}$

Q2.13　次のベクトル場で表される流体に対して，その中のどのような立体でも流入量と流出量が等しくなるように，定数 k の値を定めよ．　→ まとめ 2.6, 2.11, Q2.6

$$\boldsymbol{a} = kx\,\boldsymbol{i} + (k-1)y\,\boldsymbol{j} + (k-2)z\,\boldsymbol{k}$$

Q2.14　次の等式が成り立つことを証明せよ．　→ まとめ 2.2, 2.6, 2.9

$$\nabla\cdot(\boldsymbol{a}\times\boldsymbol{b}) = \boldsymbol{b}\cdot(\nabla\times\boldsymbol{a}) - \boldsymbol{a}\cdot(\nabla\times\boldsymbol{b})$$

Q2.15　次のスカラー場 φ のラプラシアン $\nabla^2\varphi$ を求めよ．　→ まとめ 2.8, Q2.8

(1) $\varphi = \sin xy + \cos(x^2 + yz)$　　(2) $\varphi = ze^x \log y$

Q2.16　ベクトル場 $\boldsymbol{a} = x^2y\,\boldsymbol{i} + y^2z\,\boldsymbol{j} + z^2x\,\boldsymbol{k}$，スカラー場 $\varphi = xyz^2$ に対して，次のものを求めよ．

(1) $\mathrm{div}(\mathrm{rot}\,\boldsymbol{a})$　(2) $\mathrm{rot}(\mathrm{rot}\,\boldsymbol{a})$　(3) $\mathrm{grad}(\mathrm{div}\,\boldsymbol{a})$　(4) $\mathrm{rot}(\mathrm{grad}\,\varphi)$

例題 2.1

曲面 $x^2y^2 + y^2z^2 + z^2x^2 = 3$ 上の点 $\mathrm{P}(1,1,1)$ における接平面の方程式を求めよ．

解　スカラー場 φ を $\varphi = x^2y^2 + y^2z^2 + z^2x^2$ とすれば，与えられた曲面は φ の等位面 $\varphi = 3$ である．

$$\mathrm{grad}\,\varphi = (2xy^2 + 2z^2x)\boldsymbol{i} + (2x^2y + 2yz^2)\boldsymbol{j} + (2y^2z + 2zx^2)\boldsymbol{k}$$

であるから，$\mathrm{grad}\,\varphi(1,1,1) = 4\boldsymbol{i} + 4\boldsymbol{j} + 4\boldsymbol{k}$ となる．このベクトルは点 P において曲面 $\varphi = 3$ と垂直であるから，点 P におけるこの曲面の接平面の法線ベクトルになる．したがって，求める接平面の方程式は次のようになる．

$$4(x-1) + 4(y-1) + 4(z-1) = 0 \quad よって \quad x + y + z = 3$$

Q2.17　曲面 $(x-1)^2 + 2y^2 + (z+2)^2 = 6$ 上の点 $(2, \sqrt{2}, -3)$ における接平面の方程式を求めよ．

Q2.18　スカラー場 φ の関数 $f(\varphi)$ に対して，次の等式を証明せよ．

→ まとめ 2.2, 2.7, 2.8, Q2.15

(1) $\nabla f(\varphi) = f'(\varphi)\nabla\varphi$　　(2) $\nabla^2 f(\varphi) = f''(\varphi)|\nabla\varphi|^2 + f'(\varphi)\nabla^2\varphi$

Q2.19　スカラー場 $\varphi = x + y + z$，ベクトル場 $\boldsymbol{a} = (x-y)\,\boldsymbol{i} + (y-z)\,\boldsymbol{j} + (z-x)\,\boldsymbol{k}$ について，次を求めよ．　→ まとめ 2.2, 2.7, 2.10

(1) $\nabla\cdot\boldsymbol{a}$　(2) $\nabla\times\boldsymbol{a}$　(3) $\boldsymbol{a}\cdot(\nabla\varphi)$

(4) $\boldsymbol{a}\times(\nabla\varphi)$　(5) $\nabla\cdot(\varphi\boldsymbol{a})$　(6) $\nabla\times(\varphi\boldsymbol{a})$

3　線積分と面積分

まとめ

3.1 曲線の媒介変数表示　実数 t $(\alpha \leqq t \leqq \beta)$ に対して空間の点Pが定まるとき，点Pの位置ベクトルは $\boldsymbol{r} = x(t)\,\boldsymbol{i} + y(t)\,\boldsymbol{j} + z(t)\,\boldsymbol{k}$ と表せる．これを，$\boldsymbol{r} = \boldsymbol{r}(t)$ と表す．点 $\mathrm{P}(x(t), y(t), z(t))$ $(\alpha \leqq t \leqq \beta)$ 全体が曲線Cを描くとき，$\boldsymbol{r} = \boldsymbol{r}(t)$ を曲線Cの**媒介変数表示**といい，変数 t を**媒介変数**，$\alpha \leqq t \leqq \beta$ を**定義域**という．$\mathrm{P}(\alpha)$ を**始点**，$\mathrm{P}(\beta)$ を**終点**といい，t の増加にともなって $\mathrm{P}(t)$ が移動する向きを曲線Cの**向き**という．

3.2 曲線の接線ベクトル　曲線 $\boldsymbol{r} = x(t)\,\boldsymbol{i} + y(t)\,\boldsymbol{j} + z(t)\,\boldsymbol{k}$ の各成分が微分可能で，その導関数が連続であるとき，曲線 $\boldsymbol{r} = \boldsymbol{r}(t)$ は**滑らか**であるという．このとき，$\dfrac{dx}{dt}\boldsymbol{i} + \dfrac{dy}{dt}\boldsymbol{j} + \dfrac{dz}{dt}\boldsymbol{k}$ を曲線の**接線ベクトル**といい，$\dfrac{d\boldsymbol{r}}{dt}$ と表す．

3.3 スカラー場の線積分　$\boldsymbol{r} = \boldsymbol{r}(t)$ $(\alpha \leqq t \leqq \beta)$ と表される曲線Cがスカラー場 φ の定義域に含まれているとき，**曲線Cに沿うスカラー場 φ の線積分**について，次が成り立つ．

$$\int_{\mathrm{C}} \varphi\, ds = \int_{\alpha}^{\beta} \varphi(t) \left| \frac{d\boldsymbol{r}}{dt} \right| dt$$

3.4 曲線の長さ　$\boldsymbol{r} = \boldsymbol{r}(t)$ $(\alpha \leqq t \leqq \beta)$ と表される曲線Cの長さ s について，次が成り立つ．

$$s = \int_{\mathrm{C}} ds = \int_{\alpha}^{\beta} \left| \frac{d\boldsymbol{r}}{dt} \right| dt = \int_{\alpha}^{\beta} \sqrt{\left(\frac{dx}{dt}\right)^2 + \left(\frac{dy}{dt}\right)^2 + \left(\frac{dz}{dt}\right)^2}\, dt$$

3.5 ベクトル場の線積分　$\boldsymbol{r} = \boldsymbol{r}(t)$ $(\alpha \leqq t \leqq \beta)$ と表される曲線Cがベクトル場 $\boldsymbol{a}$ の定義域に含まれているとき，**曲線Cに沿うベクトル場 $\boldsymbol{a}$ の線積分**について，次が成り立つ．

$$\int_{\mathrm{C}} \boldsymbol{a} \cdot d\boldsymbol{r} = \int_{\alpha}^{\beta} \boldsymbol{a}(t) \cdot \frac{d\boldsymbol{r}}{dt}\, dt$$

3.6 勾配の線積分　曲線Cはスカラー場 φ の定義域に含まれているとし，Cの始点をP，終点をQとする．Cに沿うベクトル場 $\operatorname{grad}\varphi$ の線積分について，次が成り立つ．

$$\int_{\mathrm{C}} (\operatorname{grad}\varphi) \cdot d\boldsymbol{r} = \varphi(\mathrm{Q}) - \varphi(\mathrm{P})$$

3.7 曲面の媒介変数表示 uv 平面上の領域 D の点 (u,v) に対して，空間の点 P が定まるとき，P の位置ベクトルは $\boldsymbol{r} = x(u,v)\,\boldsymbol{i} + y(u,v)\,\boldsymbol{j} + z(u,v)\,\boldsymbol{k}$ と表せる．これを $\boldsymbol{r} = \boldsymbol{r}(u,v)$ と表す．点 $\mathrm{P}(x(u,v), y(u,v), z(u,v))$ 全体が曲面 S をつくるとき，$\boldsymbol{r} = \boldsymbol{r}(u,v)$ を曲面 S の**媒介変数表示**といい，u, v を**媒介変数**，D を**定義域**という．

3.8 曲面の接平面と法線ベクトル 関数 $x(u,v)$, $y(u,v)$, $z(u,v)$ の偏導関数が存在し，それらがすべて連続であるとき，曲面 $\boldsymbol{r} = x(u,v)\,\boldsymbol{i}+y(u,v)\,\boldsymbol{j}+z(u,v)\,\boldsymbol{k}$ は**滑らか**であるという．このとき，この曲面 S 上の各点 $\mathrm{P}(u,v)$ で，ベクトル

$$\frac{\partial \boldsymbol{r}}{\partial u} = \frac{\partial x}{\partial u}\boldsymbol{i} + \frac{\partial y}{\partial u}\boldsymbol{j} + \frac{\partial z}{\partial u}\boldsymbol{k}, \quad \frac{\partial \boldsymbol{r}}{\partial v} = \frac{\partial x}{\partial v}\boldsymbol{i} + \frac{\partial y}{\partial v}\boldsymbol{j} + \frac{\partial z}{\partial v}\boldsymbol{k}$$

が $\dfrac{\partial \boldsymbol{r}}{\partial u} \times \dfrac{\partial \boldsymbol{r}}{\partial v} \neq \boldsymbol{0}$ を満たすとき，点 P を通りベクトル $\dfrac{\partial \boldsymbol{r}}{\partial u}$, $\dfrac{\partial \boldsymbol{r}}{\partial v}$ を含む平面を点 P における曲面 S の**接平面** という．接平面に垂直なベクトルを曲面 S の**法線ベクトル**といい，$\pm\dfrac{1}{\left|\dfrac{\partial \boldsymbol{r}}{\partial u} \times \dfrac{\partial \boldsymbol{r}}{\partial v}\right|}\dfrac{\partial \boldsymbol{r}}{\partial u} \times \dfrac{\partial \boldsymbol{r}}{\partial v}$ を曲面 S の**単位法線ベクトル**という．

3.9 スカラー場の面積分 定義域を D とする曲面 S を $\boldsymbol{r} = \boldsymbol{r}(u,v)$ とするとき，**曲面 S におけるスカラー場 φ の面積分**について，次が成り立つ．

$$\int_{\mathrm{S}} \varphi \, d\sigma = \iint_{\mathrm{D}} \varphi(u,v) \left| \frac{\partial \boldsymbol{r}}{\partial u} \times \frac{\partial \boldsymbol{r}}{\partial v} \right| dudv$$

3.10 曲面の面積 定義域を D とする曲面 S を $\boldsymbol{r} = \boldsymbol{r}(u,v)$ とするとき，S の面積 σ について，次が成り立つ．

$$\sigma = \int_{\mathrm{S}} d\sigma = \iint_{\mathrm{D}} \left| \frac{\partial \boldsymbol{r}}{\partial u} \times \frac{\partial \boldsymbol{r}}{\partial v} \right| dudv$$

3.11 曲面の向き 曲面 S の各点 P において，S の単位法線ベクトルのうちの 1 つを，P の変化に伴って曲面上で連続的に変化するように選ぶことができるとき，選んだベクトルの向きを**外向き**と定める．このとき，S に**向きが定められた**という．点 P における外向きの単位法線ベクトルを $\boldsymbol{n}_{\mathrm{P}}$ で表す．P におけるベクトル $\boldsymbol{a}\ (\neq \boldsymbol{0})$ は，$\boldsymbol{a} \cdot \boldsymbol{n}_{\mathrm{P}} > 0$ のとき**外向き**，$\boldsymbol{a} \cdot \boldsymbol{n}_{\mathrm{P}} < 0$ のとき**内向き**であるという．

3.12 ベクトル場の面積分　向きが定められた曲面 S を $\boldsymbol{r}=\boldsymbol{r}(u,v)$ とし，定義域を D とする．S の外向きの単位法線ベクトルを $\boldsymbol{n}$ とするとき，**曲面 S におけるベクトル場 $\boldsymbol{a}$ の面積分**について，次が成り立つ．

$$\int_{\mathrm{S}} \boldsymbol{a}\cdot d\boldsymbol{S}=\int_{\mathrm{S}} \boldsymbol{a}\cdot\boldsymbol{n}\,d\sigma=\pm\int_{\mathrm{D}} \boldsymbol{a}(u,v)\cdot\left(\frac{\partial \boldsymbol{r}}{\partial u}\times\frac{\partial \boldsymbol{r}}{\partial v}\right)dudv$$

ここで，符号は $\dfrac{\partial \boldsymbol{r}}{\partial u}\times\dfrac{\partial \boldsymbol{r}}{\partial v}$ が外向きのときに $+$，内向きのときに $-$ とする．

3.13 ベクトル場の線積分・面積分の意味

(1) 力の場がベクトル場 $\boldsymbol{a}$ で表されているとする．点 P が力 $\boldsymbol{a}$ を受けながら曲線 C に沿って移動したとき，力 $\boldsymbol{a}$ がこの移動に対してなす仕事を W とすれば，次が成り立つ．

$$W=\int_{\mathrm{C}} \boldsymbol{a}\cdot d\boldsymbol{r}$$

(2) 流体の各点の速度がベクトル場 $\boldsymbol{a}$ で与えられているとする．曲面 S からの単位時間における流出量を U とすれば，次が成り立つ．

$$U=\int_{\mathrm{S}} \boldsymbol{a}\cdot d\boldsymbol{S}$$

A

Q3.1　次の曲線の媒介変数表示を求めよ．

(1) 点 $(1,2,3)$ を始点，点 $(3,-2,1)$ を終点とする線分

(2) 平面 $z=2$ 上にあり，点 $(0,0,2)$ を中心とした半径 3 の円

Q3.2　次の曲線の接線ベクトルおよび接線ベクトルの大きさを求めよ．

(1) 直線 $\boldsymbol{r}=(-1+t)\boldsymbol{i}+(2+2t)\boldsymbol{j}+(3-3t)\boldsymbol{k}$

(2) 円 $\boldsymbol{r}=4\cos t\,\boldsymbol{i}-3\boldsymbol{j}+4\sin t\,\boldsymbol{k}$

(3) 常螺旋 $\boldsymbol{r}=2t\,\boldsymbol{i}+3\cos t\,\boldsymbol{j}+3\sin t\,\boldsymbol{k}$

(4) 曲線 $\boldsymbol{r}=\boldsymbol{i}+t^2\,\boldsymbol{j}+t\,\boldsymbol{k}$

Q3.3　次の曲線の長さ s を求めよ．

(1) $\boldsymbol{r}=\dfrac{1}{3}t^3\,\boldsymbol{i}+t^2\,\boldsymbol{j}+2t\,\boldsymbol{k}\quad(0\leqq t\leqq 3)$

(2) $\boldsymbol{r}=4\cos t\,\boldsymbol{i}-3t\,\boldsymbol{j}+4\sin t\,\boldsymbol{k}\quad(0\leqq t\leqq 2\pi)$

Q3.4　点 $(-1,2,0)$ を始点，点 $(3,-3,3)$ を終点とする線分 C に沿う次のスカラー場 φ の線積分を求めよ．

(1) $\varphi = y - z$　(2) $\varphi = x - 2yz$　(3) $\varphi = x^2+y^2+z^2$

Q3.5　次の曲線 C に沿うベクトル場 $\boldsymbol{a} = y\,\boldsymbol{i} - x\,\boldsymbol{j} + z\,\boldsymbol{k}$ の線積分を求めよ．

(1) C: $\boldsymbol{r} = \cos t\,\boldsymbol{i} + \sin t\,\boldsymbol{j} + t\,\boldsymbol{k}$　$(0 \leqq t \leqq \pi)$

(2) C: $\boldsymbol{r} = t\,\boldsymbol{i} + t^2\,\boldsymbol{j} + (1-2t)\,\boldsymbol{k}$　$(0 \leqq t \leqq 3)$

Q3.6　次の曲線 C とスカラー場 φ に対して，C に沿うベクトル場 $\mathrm{grad}\,\varphi$ の線積分を求めよ．

(1) 点 $(1,2,-1)$ から点 $(3,1,0)$ に向かう線分 C，$\varphi = xyz$

(2) C : $\boldsymbol{r} = t\,\boldsymbol{i} + 2\cos t\,\boldsymbol{j} + 3\sin t\,\boldsymbol{k}$　$\left(0 \leqq t \leqq \dfrac{\pi}{2}\right)$，$\varphi = y^2 - xz$

Q3.7　次の曲面の媒介変数表示を求めよ．

(1) 3 点 $(0,0,0)$，$(1,2,3)$，$(4,5,6)$ を通る平面

(2) y 軸を中心軸とし，底面が半径 4 である円柱面

(3) 曲面 $z = 2x^2 + xy + y^2$

Q3.8　次の曲面 $\boldsymbol{r} = \boldsymbol{r}(u,v)$ について，$\dfrac{\partial \boldsymbol{r}}{\partial u}$, $\dfrac{\partial \boldsymbol{r}}{\partial v}$ および単位法線ベクトルを求めよ．

(1) $\boldsymbol{r} = (u^2 - v^2)\,\boldsymbol{i} + 2u\,\boldsymbol{j} - v\,\boldsymbol{k}$

(2) $\boldsymbol{r} = v\cos 2u\,\boldsymbol{i} - v\sin 2u\,\boldsymbol{j} + v^2\,\boldsymbol{k}$　$(v \neq 0)$

Q3.9　$\mathrm{D} = \{(u,v) \mid 0 \leqq u \leqq 2\pi,\ 0 \leqq v \leqq 2\}$ を定義域とし，

$$\boldsymbol{r} = v\cos u\,\boldsymbol{i} + v\sin u\,\boldsymbol{j} + v\,\boldsymbol{k}$$

と表される円錐面 S に対して，次の問いに答えよ．

(1) S の面積 σ を求めよ．

(2) スカラー場 $\varphi = x + 3z$ の S における面積分を求めよ．

Q3.10　x 軸を中心軸とする半径 1，高さ 1 の円柱の側面 $\boldsymbol{r} = v\,\boldsymbol{i} + \cos u\,\boldsymbol{j} + \sin u\,\boldsymbol{k}$ $(0 \leqq u \leqq 2\pi,\ 0 \leqq v \leqq 1)$ の外向きの単位法線ベクトル $\boldsymbol{n}$ を求めよ．

Q3.11　曲面 $z = 2x^2 + 3y^2$ に，法線ベクトルのうち z 成分が負のものが外向きであるように向きを定める．この曲面の外向きの単位法線ベクトル $\boldsymbol{n}$ を求めよ．

Q3.12　曲面 S を

$$\boldsymbol{r} = (u+v)\,\boldsymbol{i} + (u-v)\,\boldsymbol{j} + u^2\,\boldsymbol{k} \quad (0 \leqq u \leqq 2,\ 0 \leqq v \leqq 1)$$

とし，S に法線ベクトルのうち z 成分が負のものが外向きであるように向きを定める．S におけるベクトル場 $\boldsymbol{a} = z\,\boldsymbol{i} + x\,\boldsymbol{k}$ の面積分を求めよ．

Q3.13　曲面 $z=4-x^2$ の $z \geqq 0,\ x \geqq 0,\ 0 \leqq y \leqq 1$ の部分を S とする．S に，法線ベクトルのうち z 成分が正のものが外向きであるように向きを定める．S におけるベクトル場 $\boldsymbol{a}=z\,\boldsymbol{i}$ の面積分を求めよ．

B

Q3.14　曲面 $y=x^2$ と平面 $z=2x+1$ が交わる曲線に沿って，点 $(0,0,1)$ から点 $(1,1,3)$ に向かう曲線の媒介変数表示を求めよ．　→ まとめ 3.1, Q3.1

Q3.15　次の曲線の接線ベクトル $\dfrac{d\boldsymbol{r}}{dt}$ を求めよ．また，$t=0$ における接線ベクトル $\left.\dfrac{d\boldsymbol{r}}{dt}\right|_{t=0}$ を求めよ．　→ まとめ 3.2, Q3.2

(1) $\boldsymbol{r}=\sin t\,\boldsymbol{i}+\cos t\,\boldsymbol{j}+\tan t\,\boldsymbol{k}$　　(2) $\boldsymbol{r}=e^t\,\boldsymbol{i}+e^{t^2}\boldsymbol{j}+e^{t^3}\boldsymbol{k}$

Q3.16　次の曲線の長さ s を求めよ．　→ まとめ 3.4, Q3.3

(1) $\boldsymbol{r}=\left(\dfrac{2t^3}{3}+1\right)\boldsymbol{i}+2t\,\boldsymbol{j}+\dfrac{1}{t}\,\boldsymbol{k}\quad(1 \leqq t \leqq 2)$

(2) $\boldsymbol{r}=e^t\,\boldsymbol{i}-e^{-t}\,\boldsymbol{j}+\sqrt{2}\,t\,\boldsymbol{k}\quad(0 \leqq t \leqq 1)$

Q3.17　次の曲線 C とスカラー場 φ に対して，線積分 $\displaystyle\int_{\mathrm{C}}\varphi\,ds$ を求めよ．

→ まとめ 3.3, Q3.4

(1) C: 点 $(-1,0,2)$ から点 $(1,2,3)$ に向かう線分，$\varphi=\pi(\sin\pi x+\sin\pi y+\sin\pi z)$

(2) C: $\boldsymbol{r}=\cos t\,\boldsymbol{i}+\sin t\,\boldsymbol{j}+\sqrt{3}t\,\boldsymbol{k}\ \left(0 \leqq t \leqq \dfrac{\pi}{2}\right)$，$\varphi=x+y^3+z^2$

Q3.18　ベクトル場 $\boldsymbol{a}$ に対して，$\mathrm{grad}\,\varphi=\boldsymbol{a}$ を満たすスカラー場 φ を $\boldsymbol{a}$ の**スカラーポテンシャル**という．ベクトル場 $\boldsymbol{a}=(2x-3y)\,\boldsymbol{i}-3x\,\boldsymbol{j}+4z\,\boldsymbol{k}$ に対して，次の問いに答えよ．　→ まとめ 3.6, Q3.6

(1) $\varphi=x^2-3xy+2z^2$ が $\boldsymbol{a}$ のスカラーポテンシャルであることを示せ．

(2) 点 $(5,-2,1)$ から点 $(-3,1,4)$ に向かう曲線 C に沿うベクトル場 $\boldsymbol{a}$ の線積分を求めよ．

Q3.19　点 $\mathrm{P}(x,y,z)$ の位置ベクトルを $\boldsymbol{p}$ とするとき，次の問いに答えよ．

→ まとめ 3.6, Q3.6

(1) 点 $(-3,1,2)$ から点 $(1,-2,1)$ に向かう曲線を C とする．このとき，ベクトル場 $\mathrm{grad}\,\dfrac{1}{|\boldsymbol{p}|}$ の C に沿う線積分を求めよ．

(2) 曲線 C を $\boldsymbol{r}(t) = (1-t)\,\boldsymbol{i} + 3t\,\boldsymbol{j} + 4t\,\boldsymbol{k}$ $(0 \leqq t \leqq 1)$ とする．このとき，ベクトル場 $\mathrm{grad}\,|\boldsymbol{p}|$ の C に沿う線積分を求めよ．

Q3.20　原点 O から点 $(1,0,0)$ に向かう線分，点 $(1,0,0)$ から点 $(1,1,0)$ に向かう線分，点 $(1,1,0)$ から点 $(1,1,1)$ に向かう線分をそれぞれ $\mathrm{C_1}$, $\mathrm{C_2}$, $\mathrm{C_3}$ とし，これらをつないだ折れ線を C とする．ベクトル場 $\boldsymbol{a} = x\,\boldsymbol{i} + y\,\boldsymbol{j} + z\,\boldsymbol{k}$ の C に沿う線積分を求めよ．　→ **まとめ** 3.5, 3.6, Q3.5, Q3.6

Q3.21　曲面 $z = 6 - x^2 + y^2$ を S とするとき，次の問いに答えよ．
→ **まとめ** 3.8, Q3.8

(1) S 上の点 $(2,-1,3)$ における S の単位法線ベクトルを求めよ．

(2) (1) の点における S の接平面の方程式を求めよ．

Q3.22　曲面 $\boldsymbol{r} = (u+v)\,\boldsymbol{i} + (2u-v)\,\boldsymbol{j} + (u^2+2v^2)\,\boldsymbol{k}$ を S とするとき，次の問いに答えよ．　→ **まとめ** 3.8, Q3.8

(1) S 上の $u = -2$, $v = 1$ に対応する点における S の単位法線ベクトルを求めよ．

(2) (1) の点における S の接平面の方程式を求めよ．

Q3.23　曲面 $\boldsymbol{r} = u\,\boldsymbol{i} + 2\cos v\,\boldsymbol{j} + 2\sin v\,\boldsymbol{k}\left(0 \leqq u \leqq 2,\ 0 \leqq v \leqq \dfrac{\pi}{2}\right)$ を S とするとき，スカラー場 $\varphi = xyz$ の S における面積分を求めよ．　→ **まとめ** 3.9, Q3.9

Q3.24　次の曲面の面積 σ を求めよ．　→ **まとめ** 3.10, Q3.9

(1) $2x + 4y + z = 4 \quad (x \geqq 0,\ y \geqq 0,\ z \geqq 0)$

(2) $z = \dfrac{x^2}{2} \quad (0 \leqq x \leqq 2,\ 0 \leqq y \leqq x)$

(3) $\boldsymbol{r} = \sin u \cos v\,\boldsymbol{i} + \sin u \sin v\,\boldsymbol{j} + \cos u\,\boldsymbol{k} \quad \left(0 \leqq u \leqq \dfrac{\pi}{3},\ 0 \leqq v \leqq \dfrac{\pi}{4}\right)$

Q3.25　$\boldsymbol{r} = v\cos u\,\boldsymbol{i} + v\sin u\,\boldsymbol{j} + (1-v^2)\,\boldsymbol{k} \quad (0 \leqq u \leqq 2\pi,\ 0 \leqq v \leqq 1)$ と表される曲面を S とする．次の問いに答えよ．　→ **まとめ** 3.10, 3.12, Q3.9, Q3.12

(1) 曲面 S の面積を求めよ．

(2) S に法線ベクトルのうち z 成分が正のものが外向きであるように向きを定める．ベクトル場 $\boldsymbol{a} = xz\,\boldsymbol{i} + yz\,\boldsymbol{j} + \boldsymbol{k}$ の S における面積分を求めよ．

Q3.26　$\boldsymbol{r} = v\cos u\,\boldsymbol{i} + v\sin u\,\boldsymbol{j} + v\,\boldsymbol{k}$ $(v \geqq 0)$ で表される円錐面に，法線ベクトルのうち z 成分が負のものが外向きであるような向きを定める．次の問いに答えよ．　→ **まとめ** 3.12, Q3.10, Q3.12

(1) この円錐面の外向きの単位法線ベクトルを求めよ．

(2) この円錐面の領域 $D = \left\{(u, v) \mid 0 \leqq u \leqq \dfrac{\pi}{2},\ 0 \leqq v \leqq 2\right\}$ の部分を S とするとき，S におけるベクトル場 $\boldsymbol{a} = x^2\boldsymbol{i} + y^2\boldsymbol{j} + z^2\boldsymbol{k}$ の面積分を求めよ．

Q3.27　平面 $3x + 2y + z = 6$ $(x \geqq 0,\ y \geqq 0,\ z \geqq 0)$ を S とするとき，S におけるベクトル場 $\boldsymbol{a} = y^2\,\boldsymbol{i} + z^2\,\boldsymbol{j} + x^2\,\boldsymbol{k}$ の面積分を求めよ．ただし，S には法線ベクトルのうち z 成分が正のものが外向きであるような向きを定める．

→ まとめ 3.12, Q3.13

4　ガウスの発散定理とストークスの定理

まとめ

4.1 スカラー場の体積分　立体 V がスカラー場 φ の定義域に含まれるとき，V を n 個の微小な立体 V_k $(k = 1, 2, \ldots, n)$ に分割し，V_k の体積を $\Delta\omega_k$，V_k に属する点を P_k とする．$\displaystyle\lim_{n\to\infty}\sum_{k=1}^{n}\varphi(P_k)\Delta\omega_k$ が存在するとき，この極限値を **V におけるスカラー場 φ の体積分**といい，$\displaystyle\int_V \varphi\, d\omega$ で表す．体積分の計算は累次積分によって行う．

4.2 ガウスの発散定理　立体 V の表面を S とし，ベクトル場 $\boldsymbol{a}$ が V を含む領域で定義されているとする．このとき，次が成り立つ．

$$\int_S \boldsymbol{a} \cdot d\boldsymbol{S} = \int_V (\operatorname{div} \boldsymbol{a})\, d\omega$$

4.3 単一閉曲線　始点と終点が一致する曲線を**閉曲線**といい，自分自身と交差しない閉曲線を**単一閉曲線**または**単純閉曲線**という．平面上の単一閉曲線 C に対して，C に沿って進むとき，C の内部の領域が左側に見えるならば，曲線 C は**正の向き**をもつという．

4.4 グリーンの定理　C: $\boldsymbol{r} = x(t)\,\boldsymbol{i} + y(t)\,\boldsymbol{j}$ $(\alpha \leqq t \leqq \beta)$ を正の向きをもつ xy 平面上の単一閉曲線とし，C の内部の領域を D とする．また，関数 $P(x, y)$，$Q(x, y)$ は偏微分可能で，そのすべての偏導関数が連続であるとする．このとき，次が成り立つ．

$$\iint_D \left(\frac{\partial Q}{\partial x} - \frac{\partial P}{\partial y}\right) dxdy = \int_C P\, dx + \int_C Q\, dy$$

ただし，次のように定める．

$$\int_C P\,dx = \int_\alpha^\beta P(x(t), y(t))\,\frac{dx}{dt}\,dt, \qquad \int_C Q\,dy = \int_\alpha^\beta Q(x(t), y(t))\,\frac{dy}{dt}\,dt$$

4.5 曲面の境界線の向き　向きが定められた曲面 S の境界線 C が単一閉曲線であるとする．C が，その上を外向きに立って歩くとき，曲面 S が左側に見えるような向きをもつならば，C は**正の向き**をもつという．

4.6 ストークスの定理　向きが定められた曲面 S の境界線 C が，正の向きをもつ単一閉曲線であるとする．ベクトル場 $\boldsymbol{a}$ が S を含む領域で定義されているとき，次が成り立つ．

$$\int_C \boldsymbol{a}\cdot d\boldsymbol{r} = \int_S (\mathrm{rot}\,\boldsymbol{a})\cdot d\boldsymbol{S}$$

A

Q4.1　円柱 $V = \{(x, y, z)\,|\,x^2 + y^2 \leqq 1,\ 0 \leqq z \leqq 1\}$ における，スカラー場 $\varphi = x^2 + y^2$ の体積分を求めよ．

Q4.2　球面 $x^2 + y^2 + z^2 = 1$ を S とする．ガウスの発散定理を用いて，S におけるベクトル場 $\boldsymbol{a} = 3x\,\boldsymbol{i} + 2y\,\boldsymbol{j} + 4z\,\boldsymbol{k}$ の面積分を求めよ．

Q4.3　流体の速度を表すベクトル場が $\boldsymbol{a} = y\,\boldsymbol{i} + (y + 3z)\,\boldsymbol{j} + (2x + 8z)\,\boldsymbol{k}$ で与えられている．ガウスの発散定理を用いて，1 辺 2 m の立方体の表面からの単位時間あたりの流体の流出量 U $[\mathrm{m^3/s}]$ を求めよ．ただし，速度の単位は [m/s] とする．

Q4.4　立体 $V = \{(x, y, z)\,|\,0 \leqq z \leqq 4 - x^2 - y^2\}$ の表面を S とする．S のうち，

$$S_1 = \{(x, y, z)\,|\,z = 4 - x^2 - y^2,\ z \geqq 0\}, \quad S_2 = \{(x, y, 0)\,|\,x^2 + y^2 \leqq 4\}$$

とし，いずれも V の外部を向いた法線ベクトルを外向きとするよう向きを定める．ベクトル場 $\boldsymbol{a} = x\,\boldsymbol{i} + y\,\boldsymbol{j}$ について次の問いに答え，ガウスの発散定理が成り立つことを確かめよ．

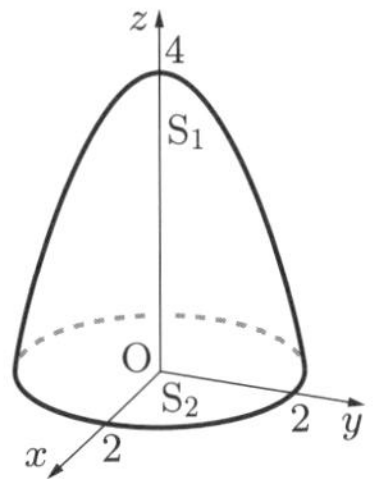

(1) S_1, S_2 における $\boldsymbol{a}$ の面積分を求めよ．また，それらの和から，V の表面 S における $\boldsymbol{a}$ の面積分を求めよ．

(2) $\boldsymbol{a}$ の発散 $\mathrm{div}\,\boldsymbol{a}$ の V における体積分を，累次積分に直すことによって求めよ．

Q4.5　3 点 P(1, 0, 0), Q(0, 2, 0), R(0, 0, 4) を P, Q, R, P の順に 1 周する折れ線を C とする．このとき，ベクトル場 $\boldsymbol{a} = 2xy\,\boldsymbol{i} + (y^2 - z)\,\boldsymbol{j} + z^2\,\boldsymbol{k}$ の，折れ線 C に沿う線積分を求めよ．

Q4.6　力の場が $\boldsymbol{a} = (z + x)\,\boldsymbol{i} + (x + y)\,\boldsymbol{j} + (y + z)\,\boldsymbol{k}$ で与えられているとする．円 $\boldsymbol{r} = \sin t\,\boldsymbol{i} + \cos t\,\boldsymbol{k}$ $(0 \leqq t \leqq 2\pi)$ に沿って 1 周する移動に対して，力 $\boldsymbol{a}$ がなす仕事 W [J] を求めよ．ただし，長さの単位は [m]，力の単位は [N] とせよ．

Q4.7　曲面 $\boldsymbol{r} = u\cos v\,\boldsymbol{i} + u\sin v\,\boldsymbol{j} + (1 - u)\,\boldsymbol{k}$ $(0 \leqq u \leqq 1,\ 0 \leqq v \leqq 2\pi)$ を S とし，S に法線ベクトルのうち z 成分が正のものが外向きであるように向きを定める．また，S の境界線 C は正の向きをもつとする．ベクトル場 $\boldsymbol{a} = -y\,\boldsymbol{i} + x\,\boldsymbol{j}$ について，次の値を求め，ストークスの定理が成り立つことを確かめよ．

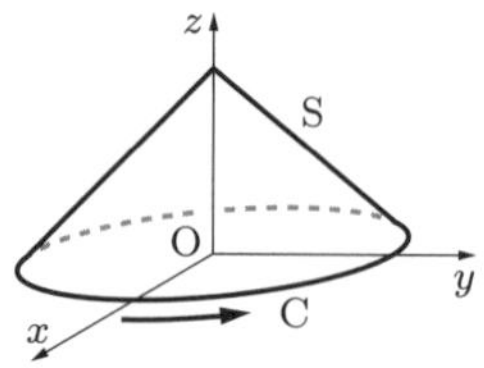

(1) $\displaystyle\int_{\mathrm{C}} \boldsymbol{a} \cdot d\boldsymbol{r}$　　　(2) $\displaystyle\int_{\mathrm{S}} (\mathrm{rot}\,\boldsymbol{a}) \cdot d\boldsymbol{S}$

B

Q4.8　$\mathrm{V} = \{(x, y, z) | x^2 + y^2 \leqq z,\ 0 \leqq z \leqq 4\}$ とするとき，体積分 $\displaystyle\int_{\mathrm{V}} (2x^2 - y^2)\,d\omega$ を求めよ．
→ まとめ 4.1, Q4.1

Q4.9　平面 $x + 3y + 2z = 6$ と x 軸，y 軸，z 軸で囲まれる立体 V の表面を S とする．S におけるベクトル場 $\boldsymbol{a} = 3x\,\boldsymbol{i} + 2y\,\boldsymbol{j} + z\,\boldsymbol{k}$ の面積分を，体積分に直して求めよ．
→ まとめ 4.1, 4.2, Q4.2

Q4.10　円錐 $\mathrm{V} = \{(x, y, z) | x^2 + y^2 \leqq z^2,\ 0 \leqq z \leqq 2\}$ とベクトル場 $\boldsymbol{a} = x^3\,\boldsymbol{i} + y^3\,\boldsymbol{j} + z^3\,\boldsymbol{k}$ に対して，次の問いに答えよ．
→ まとめ 4.1, 4.2, Q4.4

(1) 体積分 $\displaystyle\int_{\mathrm{V}} (\mathrm{div}\,\boldsymbol{a})\,d\omega$ を求めよ．

(2) 円錐の側面 S_1 におけるベクトル場 $\boldsymbol{a}$ の面積分を求めよ．

(3) 円錐の上面 S_2 におけるベクトル場 $\boldsymbol{a}$ の面積分を求めよ．

(4) 円錐の表面を S とするとき，S におけるベクトル場 $\boldsymbol{a}$ の面積分を求め，ガウスの発散定理が成り立つことを確かめよ．

Q4.11　円 C：$x^2 + y^2 = 1$ とベクトル場 $\boldsymbol{a} = (x + y)\,\boldsymbol{i} + (2x + y^2)\,\boldsymbol{j}$ に対して，$P = x + y$, $Q = 2x + y^2$ とする．次の問いに答えよ．
→ まとめ 4.4

(1) 線積分 $\int_C P\,dx + \int_C Q\,dy$ の値を求めよ.　(2) $\dfrac{\partial Q}{\partial x} - \dfrac{\partial P}{\partial y}$ を求めよ.

(3) 曲線 C の内部の領域を D とするとき，2 重積分 $\iint_D \left(\dfrac{\partial Q}{\partial x} - \dfrac{\partial P}{\partial y}\right) dxdy$ を求め，グリーンの定理が成り立つことを確かめよ.

Q4.12 右図のように，xy 平面上の 3 点を O(0,0), A(1,0), B(1,1) とし，折れ線 C は三角形 OAB の周上を左回りに一周するものとするとき，線積分 $\int_C (x^2 - y^2)\,dx + \int_C 2xy\,dy$ を重積分に直して求めよ.　→ まとめ 4.4

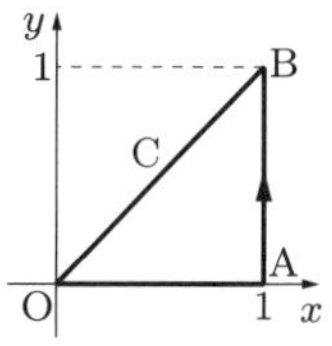

Q4.13 平面 $z = 2x + 1$ の $x^2 + y^2 \leqq 1$ を満たす部分を S とし，S に法線ベクトルのうち z 成分が正のものが外向きであるように向きを定める. S の境界となる曲線を C とするとき，ベクトル場 $\boldsymbol{a} = -y^2\boldsymbol{i} + x\boldsymbol{j} + z^2\boldsymbol{k}$ の曲線 C の正の向きに沿う線積分を，ストークスの定理を用いて求めよ.　→ まとめ 4.6, Q4.5

C

Q1 スカラー場 $f = \dfrac{xyz}{x^2 + y^2 + z^2}$ に対して，点 P(1, −1, 2) における勾配 ∇f を求めよ.　(類題：北海道大学)

Q2 $\boldsymbol{a} = 3y\,\boldsymbol{i} - z\,\boldsymbol{j} + x\,\boldsymbol{k}$, $\boldsymbol{b} = (y^2 + z^2)\,\boldsymbol{i} - x\,\boldsymbol{j} + xy\,\boldsymbol{k}$ とする. 点 P(2, −1, 1) における次の値を求めよ.　(類題：富山大学)

(1) $\boldsymbol{a}$ と $\mathrm{rot}\,\boldsymbol{b}$ のなす角 θ $(0 \leqq \theta \leqq \pi)$　(2) $(\boldsymbol{a} \times \nabla) \cdot \boldsymbol{b}$

Q3 $a > 0$ を定数とする. 曲線 C: $x = a\cos^3 t$, $y = a\sin^3 t$ $(0 \leqq t \leqq \pi)$ に対して，次の問いに答えよ.　(類題：九州大学)

(1) 曲線 C と x 軸で囲まれる領域 R の面積を求めよ.

(2) 曲線 C に沿っての線積分 $\int_C (3y\,dx - x\,dy)$ を求めよ.

〈point〉 Q1 $\nabla\left(\dfrac{\varphi}{\psi}\right) = \dfrac{(\nabla\varphi)\psi - \varphi(\nabla\psi)}{\psi^2}$ となる.　→ Q2.4(2)

Q2 (1) ベクトルのなす角は内積を利用する. (2) $\boldsymbol{a} \times \nabla$ は定義どおり，形式的に点 P における $\boldsymbol{a}$ と ∇ の外積をとる. $\boldsymbol{a} \times \nabla = -\nabla \times \boldsymbol{a}$ ではないことに注意する.

Q3 グリーンの定理にあてはめて，(1) の定積分から (2) の線積分を求める. Q4.9, Q4.10 参照. 直接計算することもできる.

Q4　次の問いに答えよ．　　　　　　　　　　　　　　　　　　（類題：東京大学）

(1) 球面のように，空間を内部に閉じ込めている曲面を閉曲面という．ガウスの発散定理を使って，閉曲面で囲まれた領域の体積 V を，位置ベクトル $\boldsymbol{r}$，ベクトル面積素 $d\boldsymbol{S}$ を用いて表せ．

(2) $a > b > 0$ に対して，zx 平面の楕円

$$\begin{cases} x = a\cos\theta \\ y = 0 \qquad\qquad (0 \leqq \theta < 2\pi) \\ z = b\sin\theta \end{cases} \qquad \cdots\cdots①$$

およびその内部を z 軸のまわりに回転させた回転楕円体の表面をSとする．図のようにS上の点Pを通り xy 平面に平行な平面 π と z 軸の共有点をAとし，π と楕円①との共有点のうち，$x \geqq 0$ となる点をBとする．いま，$\angle\mathrm{BAP} = \phi\ (0 \leqq \phi < 2\pi)$ とするとき，$\overrightarrow{\mathrm{OP}}$ を a, b, θ, ϕ を用いて表せ．ただし，点Pの座標が $(0, 0, \pm b)$ の場合は，$\phi = 0$ とせよ．

(3) Sにおいて，ベクトル面積素 $d\boldsymbol{S}$ を ϕ と θ を媒介変数にして表示し，面積素 dS を求めよ．

(4) この回転楕円体の表面積を求めよ．

(5) (1) と (3) の結果から，この回転楕円体の体積を求めよ．

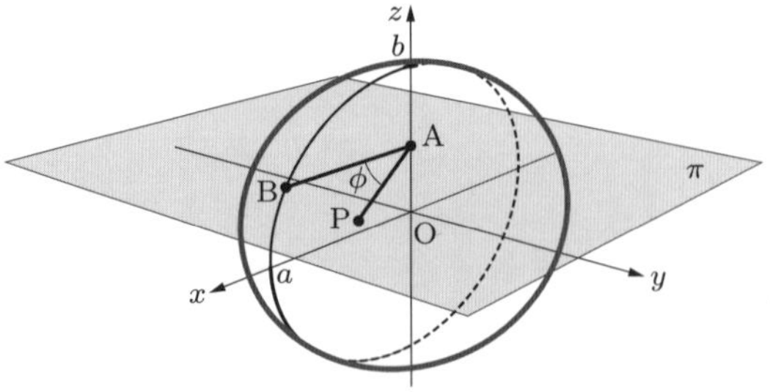

[note]　$d\boldsymbol{S} = \dfrac{\partial \boldsymbol{r}}{\partial \phi} \times \dfrac{\partial \boldsymbol{r}}{\partial \theta}\, d\phi\, d\theta$ を**ベクトル面積素**といい，$dS = |d\boldsymbol{S}| = \left|\dfrac{\partial \boldsymbol{r}}{\partial \phi} \times \dfrac{\partial \boldsymbol{r}}{\partial \theta}\right| d\phi\, d\theta$ を**面積素**という．

〈point〉 Q4　積分公式

$$\int \sqrt{x^2 + A}\, dx = \frac{1}{2}\left(x\sqrt{x^2 + A} + A\log\left|x + \sqrt{x^2 + A}\right|\right) + C \quad (A \neq 0)$$

を用いる．

Chapter

2 複素関数論

1 複素数

まとめ

1.1 複素数 i を虚数単位 $(i^2 = -1)$ とするとき，$z = a + ib$ (a, b は実数) の形の数を**複素数**という．a を z の**実部**，b を z の**虚部**といい，$a = \mathrm{Re}\, z$, $b = \mathrm{Im}\, z$ と表す．$a - ib$ を $z = a + ib$ の**共役複素数**といい，$\overline{z}$ と表す．

1.2 共役複素数の性質 任意の複素数 z, w について，次が成り立つ．

(1) $\overline{\overline{z}} = z$

(2) $\overline{z \pm w} = \overline{z} \pm \overline{w}$ （複号同順）

(3) $\overline{zw} = \overline{z}\,\overline{w}$

(4) $\overline{\left(\dfrac{z}{w}\right)} = \dfrac{\overline{z}}{\overline{w}}$ $(w \neq 0)$

(5) $\mathrm{Re}\, z = \dfrac{z + \overline{z}}{2}$

(6) $\mathrm{Im}\, z = \dfrac{z - \overline{z}}{2i}$

1.3 複素平面 座標平面上の各点 (a, b) に複素数 $z = a + ib$ を対応させた平面を**複素平面**（または**複素数平面**，**ガウス平面**）という．複素数 z に対応する複素平面上の点を点 z という．複素平面の x 軸を**実軸**，y 軸を**虚軸**という．

1.4 複素数の絶対値 複素数 $z = a + ib$ に対して，複素平面上の原点 O と点 z との距離を z の**絶対値**といい，$|z|$ と表す．$|z| = \sqrt{a^2 + b^2}$ である．2 つの複素数 z, w に対して，$|z - w|$ は複素平面上の 2 点 z, w 間の距離を表す．

1.5 共役複素数と絶対値 複素数 z の共役複素数について，次が成り立つ．

(1) $|-z| = |z|$ (2) $|\overline{z}| = |z|$ (3) $|z|^2 = z\overline{z}$

1.6 三角不等式 任意の複素数 z, w に対して，次の不等式が成り立つ．

$$|z| - |w| \leqq |z + w| \leqq |z| + |w|$$

1.7 複素数の偏角 複素数 $z \neq 0$ に対して，原点 O と点 z を結ぶ線分が実軸の正の部分となす角を z の**偏角**といい，$\arg z$ と表す．$z = 0$ の偏角は任意とする．

1.8 極形式　複素数 z に対して，$|z| = r$, $\arg z = \theta$ とするとき，

$$z = r(\cos\theta + i\sin\theta)$$

と表すことができる．これを z の**極形式**という．オイラーの公式により，$z = re^{i\theta}$ が成り立つ．

1.9 複素数の積と商　複素数 z_1, z_2 について，次が成り立つ．

(1) $|z_1 z_2| = |z_1||z_2|$, $\quad \left|\dfrac{z_1}{z_2}\right| = \dfrac{|z_1|}{|z_2|} \quad (z_2 \neq 0)$

(2) $\arg(z_1 z_2) = \arg z_1 + \arg z_2$, $\quad \arg\dfrac{z_1}{z_2} = \arg z_1 - \arg z_2 \quad (z_2 \neq 0)$

1.10 ド・モアブルの公式　任意の整数 n に対して，次の等式が成り立つ．

$$(\cos\theta + i\sin\theta)^n = \cos n\theta + i\sin n\theta$$

1.11 n 乗根　n を 2 以上の自然数とするとき，0 でない複素数 α に対して，$z^n = \alpha$ を満たす複素数 z を α の **n 乗根**という．2 乗根（**平方根**），3 乗根（**立方根**），4 乗根，…を総称して**累乗根**という．

$re^{i\theta}$ $(r > 0,\ 0 \leqq \theta < 2\pi)$ の n 乗根は，

$$z_k = \sqrt[n]{r}e^{\left(\frac{\theta}{n}+\frac{2k\pi}{n}\right)i} = \sqrt[n]{r}\left\{\cos\left(\frac{\theta}{n}+\frac{2k\pi}{n}\right) + i\sin\left(\frac{\theta}{n}+\frac{2k\pi}{n}\right)\right\}$$
$$(k = 0, 1, \ldots, n-1)$$

の n 個である．とくに，1 の n 乗根は，次のようになる．

$$z_k = e^{\frac{2k\pi}{n}i} = \cos\frac{2k\pi}{n} + i\sin\frac{2k\pi}{n} \quad (k = 0, 1, \ldots, n-1)$$

A

Q1.1　$z_1 = 4 - i$, $z_2 = -1 + 5i$ について，次の計算をせよ．

(1) $z_1 + z_2$　(2) $z_1 - z_2$　(3) $z_1 z_2$　(4) $\dfrac{z_1}{z_2}$

Q1.2　$z = 5 - 3i$, $w = -1 + i$ とするとき，次の計算をせよ．

(1) $\dfrac{z - \overline{z}}{2i}$　(2) $z\,\overline{z}$　(3) $\overline{z} - \overline{w}$　(4) $\overline{\left(\dfrac{z}{w}\right)}$

Q1.3　次の複素数と対応する点を複素平面上に図示せよ．

(1) $-3i$　(2) $-1 + 2i$　(3) $3 + i$

(4) $\overline{-1 + 2i}$　(5) $(3 + i) + (-1 + 2i)$　(6) $(3 + i) - (-1 + 2i)$

Q1.4　次の複素数 z の絶対値を求めよ．

(1) $z = 1 + i$　(2) $z = -4 - i$　(3) $z = -7$　(4) $z = \sqrt{5}\,i$

Q1.5　複素数 $z\ (\neq 0)$ に対して，$z = a + ib$（a, b は実数）とおいて，$\dfrac{1}{z} = \dfrac{\overline{z}}{|z|^2}$ が成り立つことを示せ．

Q1.6　次の等式，不等式を満たす複素平面上の点 z を図示せよ．

(1) $|z + 1 - i| = \sqrt{2}$　(2) $\mathrm{Re}\, z = -2$　(3) $|z - 1| > 1$

Q1.7　次の複素数 z の偏角 $\arg z$ を求めよ．ただし，$0 \leqq \arg z < 2\pi$ とする．

(1) $z = 1 + i$　(2) $z = -3$　(3) $z = -5\,i$

Q1.8　次の複素数 z を極形式で表せ．ただし，$0 \leqq \arg z < 2\pi$ とする．

(1) $z = 1 - \sqrt{3}\,i$　(2) $z = 1 + i$　(3) $z = 4$　(4) $z = -5\,i$

Q1.9　2 つの複素数を $z_1 = -\sqrt{3} + i,\ z_2 = 1 + i$ とするとき，次の複素数を極形式で表せ．ただし，偏角 θ は $0 \leqq \theta < 2\pi$ とする．

(1) z_1　(2) z_2　(3) $z_1 z_2$　(4) $\dfrac{z_1}{z_2}$

Q1.10　ド・モアブルの公式を利用して，次の計算をせよ．

(1) $(1 + i)^5$　(2) $\left(\sqrt{3} - i\right)^3$

Q1.11　次の複素数を $a + ib$（a, b は実数）の形で表せ．

(1) $e^{\frac{\pi}{2}i}$　(2) $2e^{\frac{5\pi}{6}i}$　(3) $4e^{\frac{\pi}{3}i}$　(4) $e^{\pi i}$

Q1.12　次の複素数を $re^{i\theta}$ の形で表せ．ただし，$r > 0,\ 0 \leqq \theta < 2\pi$ とする．

(1) $1 - \sqrt{3}\,i$　(2) $1 + i$　(3) 4　(4) $-5\,i$

Q1.13　次の複素数の累乗根を求め，複素平面上に図示せよ．

(1) 16 の 4 乗根　(2) -2 の 6 乗根

B

Q1.14　右図の複素平面上の点 z に対して，$z_1 = iz$, $z_2 = (1 + i)z$, $z_3 = \dfrac{2z}{-1 + i}$ を表す点を図示せよ．

→ まとめ 1.4, Q1.3

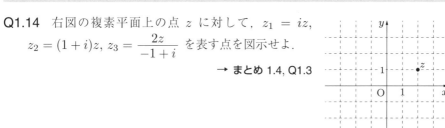

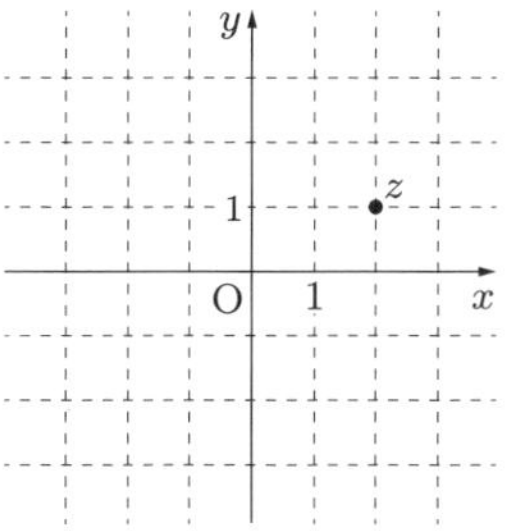

Q1.15 複素数 z_1, z_2 $(z_2 \neq 0)$ に対して，$\left|\dfrac{z_1}{z_2}\right| = \dfrac{|z_1|}{|z_2|}$, $\arg \dfrac{z_1}{z_2} = \arg z_1 - \arg z_2$ が成り立つことを証明せよ． → Q1.5

Q1.16 $z \neq 0$ である複素平面上の点 z に対して，次の複素数は z とどのような位置関係にある点か． → まとめ 1.8

(1) $(1+\sqrt{3}\,i)z$ (2) $\dfrac{z}{i}$

例題 1.1

次の方程式を満たす複素平面上の点 z を図示せよ．

(1) $|z+i| = |z-3|$ (2) $|z+i| = |2z-i|$

解 $z = x+iy$ とする．

(1) $|x+i(y+1)| = |(x-3)+iy|$ であるから，$\sqrt{x^2+(y+1)^2} = \sqrt{(x-3)^2+y^2}$ となる．両辺を 2 乗して整理すると，$3x+y-4=0$ となるので，求める図形は右図のような直線になる．

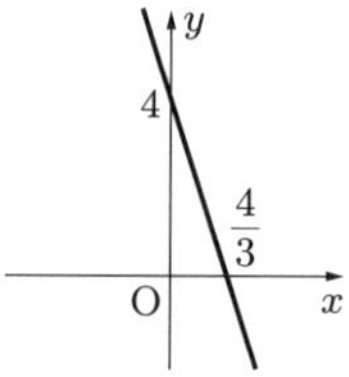

(2) $|x+i(y+1)| = |2x+i(2y-1)|$ であるから，$\sqrt{x^2+(y+1)^2} = \sqrt{4x^2+(2y-1)^2}$ となる．両辺を 2 乗して整理すると，$x^2+y^2-2y=0$ となるので，$x^2+(y-1)^2=1$ より，求める図形は右図のような円になる．

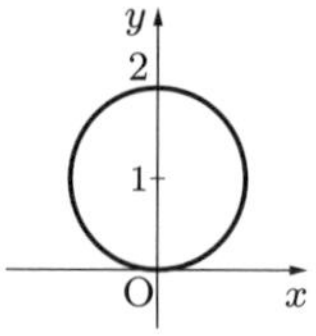

Q1.17 次の方程式を満たす複素平面上の点 z を図示せよ．

(1) $|z+3| = |z-1+2i|$ (2) $2|z+1| = |z-5|$

Q1.18 不等式 $|z-2i| < |z|$ を満たす複素平面上の点 z を図示せよ．

Q1.19 複素数 z, w に対して，次が成り立つことを証明せよ． → まとめ 1.5, 1.6

(1) $|iz| = |z|$ (2) $|z| \leqq |\mathrm{Re}\, z| + |\mathrm{Im}\, z|$

(3) $|z+w|^2 + |z-w|^2 = 2(|z|^2+|w|^2)$

(4) $|w| < |z|$ のとき $\dfrac{1}{|z|+|w|} \leqq \dfrac{1}{|z+w|} \leqq \dfrac{1}{|z|-|w|}$

Q1.20 次の複素数の累乗根を求めよ． → まとめ 1.11, Q1.13

(1) $2-2\sqrt{3}\,i$ の平方根 (2) $-2+2i$ の立方根 (3) $-2-2\sqrt{3}\,i$ の 4 乗根

例題 1.2

方程式 $z^4 + 2z^2 + 4 = 0$ の解を求めよ.

解 方程式は $(z^2)^2 + 2z^2 + 4 = 0$ となるので, 2 次方程式の解の公式を使って, $z^2 = \dfrac{-2 \pm \sqrt{4-16}}{2} = -1 \pm \sqrt{3}i$ となる. これより, $z^2 = 2e^{\frac{2\pi}{3}i}, 2e^{\frac{4\pi}{3}i}$ である. $z^2 = 2e^{\frac{2\pi}{3}i}$ のとき, $z = \sqrt{2}\,e^{\frac{\pi}{3}i}, \sqrt{2}\,e^{\frac{4\pi}{3}i}$, $z^2 = 2e^{\frac{4\pi}{3}i}$ のとき, $z = \sqrt{2}\,e^{\frac{2\pi}{3}i}, \sqrt{2}\,e^{\frac{5\pi}{3}i}$ となる. したがって, 解は $z = \dfrac{\sqrt{2}}{2}\left(\pm 1 \pm \sqrt{3}i\right)$ となる（複号はすべての組合せをとる）.

Q1.21 次の方程式の解を求めよ.

(1) $z^4 - 2z^2 + 2 = 0$　　(2) $z^2 - \dfrac{1}{z^2} = \sqrt{2}i$　　(3) $z^3 + \dfrac{1}{z^3} = 1$

2 複素関数

まとめ

2.1 領域 複素平面上の集合 D で, D に含まれる任意の点において, その点を中心とした小さな円内の点もまた D に含まれるとき, 集合 D を**領域**という.

2.2 複素関数 領域 D に含まれる複素数 z に対して複素数 w を対応させる規則があるとき, w は z の**複素関数**であるといい, $w = f(z)$ と表す. 領域 D を $w = f(z)$ の**定義域**という. 変数が実数の関数を**実関数**という. z, w が属する複素平面をそれぞれ **z 平面**, **w 平面**といい, z 平面の実軸を x 軸, 虚軸を y 軸, w 平面の実軸を u 軸, 虚軸を v 軸で表す. 複素関数は, 実数の 2 変数関数 $u(x,y)$, $v(x,y)$ を用いて, $w = u(x,y) + i\,v(x,y)$ と表すことができる.

2.3 指数関数と三角関数 複素数 $z = x + iy$ に対して, **指数関数** e^z を

$$e^z = e^x(\cos y + i \sin y)$$

と定義する. また, **三角関数** $\cos z, \sin z, \tan z$ を次のように定義する.

$$\cos z = \frac{e^{iz} + e^{-iz}}{2}, \quad \sin z = \frac{e^{iz} - e^{-iz}}{2i}, \quad \tan z = \frac{\sin z}{\cos z} = \frac{1}{i}\frac{e^{iz} - e^{-iz}}{e^{iz} + e^{-iz}}$$

2.4 複素関数の極限 関数 $f(z)$ に対して, 複素平面上の点 z が点 α に限りなく近づくとき, その近づき方によらず $f(z)$ が複素数 β に限りなく近づいていくならば, $f(z)$ は β に**収束する**といい, $\displaystyle\lim_{z \to \alpha} f(z) = \beta$, または $f(z) \to \beta \ (z \to \alpha)$

と表す．このとき，β を $z \to \alpha$ のときの $f(z)$ の**極限値**という．$f(z)$ が収束しないときは**発散する**という．

2.5 正則関数　領域 D で定義された複素関数 $f(z)$ について，領域 D の点 α と複素数 Δz に対して，極限値 $\displaystyle\lim_{\Delta z \to 0} \frac{f(\alpha + \Delta z) - f(\alpha)}{\Delta z}$ が存在するとき，$f(z)$ は点 α で**微分可能**であるという．この極限値を点 α における $f(z)$ の**微分係数**といい，$f'(\alpha)$ で表す．$f(z)$ が点 $z = \alpha$ を含むある領域のすべての点で微分可能であるとき，$f(z)$ は点 α で**正則**であるという．また，領域 D に含まれるすべての点で正則であるとき，$f(z)$ は D で正則であるといい，$f(z)$ を D 上の**正則関数**という．領域 D で正則な関数 $w = f(z)$ に対して，D の点 α に微分係数 $f'(\alpha)$ を対応させる関数を $w = f(z)$ の**導関数**といい，w', $f'(z)$, $\dfrac{dw}{dz}$, $\dfrac{df}{dz}$ と表す．

2.6 コーシー・リーマンの関係式　領域 D で関数 $u(x, y)$, $v(x, y)$ が偏微分可能であるとき，複素関数 $w = u(x, y) + iv(x, y)$ が正則であれば，

$$\frac{\partial u}{\partial x} = \frac{\partial v}{\partial y}, \quad \frac{\partial v}{\partial x} = -\frac{\partial u}{\partial y}$$

が成り立つ．これらの式を**コーシー・リーマンの関係式**という．一方，領域 D で関数 $u(x, y)$, $v(x, y)$ が偏微分可能で，すべての偏導関数が連続であるとき，$u(x, y)$, $v(x, y)$ がコーシー・リーマンの関係式を満たしていれば，複素関数 $w = u(x, y) + iv(x, y)$ は D で正則で次が成り立つ．

$$\frac{dw}{dz} = \frac{\partial u}{\partial x} + i\frac{\partial v}{\partial x} = \frac{\partial v}{\partial y} - i\frac{\partial u}{\partial y}$$

2.7 導関数の公式　$f(z)$, $g(z)$ が正則であるとき，それらの定数倍，和・差，積，商および合成関数も正則で，次が成り立つ．

(1) $\{cf(z)\}' = cf'(z)$　（c は定数）

(2) $\{f(z) \pm g(z)\}' = f'(z) \pm g'(z)$　（複号同順）

(3) $\{f(z)g(z)\}' = f'(z)g(z) + f(z)g'(z)$

(4) $\left\{\dfrac{f(z)}{g(z)}\right\}' = \dfrac{f'(z)g(z) - f(z)g'(z)}{\{g(z)\}^2}$　（ただし，$g(z) \neq 0$）

(5) $\{f(g(z))\}' = f'(g(z))g'(z)$

2.8 指数関数，三角関数の導関数 指数関数 e^z，三角関数 $\sin z$, $\cos z$ は複素平面全体で正則で，次が成り立つ．

$$(e^z)' = e^z, \quad (\sin z)' = \cos z, \quad (\cos z)' = -\sin z, \quad (\tan z)' = \frac{1}{\cos^2 z}$$

A

Q2.1 $z = x + iy$ とするとき，$w = z^3 - 2z$ の実部 u，虚部 v を x, y の関数として表せ．

Q2.2 関数 $w = z^2$ について，次の問いに答えよ．

(1) z 平面上の原点を中心とした円 $|z| = r$ $(r > 0)$ は，w 平面上のどのような図形に対応するか．

(2) z 平面上の原点を端点とする半直線 $\arg z = \theta$ は，w 平面上のどのような図形に対応するか．

Q2.3 次の複素数 z に対して，複素数 $w = e^z$ を w 平面上に図示せよ．

(1) $z = 1 + \dfrac{2\pi}{3}i$　　(2) $z = -1 + \dfrac{2\pi}{3}i$　　(3) $z = -1 - \dfrac{\pi}{3}i$

Q2.4 次の三角関数を $\cos x$, $\sin x$, $\cosh y$, $\sinh y$ を用いて表せ．ここで，$\cosh y = \dfrac{e^y + e^{-y}}{2}$, $\sinh y = \dfrac{e^y - e^{-y}}{2}$ とする．

(1) $\cos(x - iy)$　　(2) $\sin(x - iy)$　　(3) $\cos iy$　　(4) $\sin iy$

Q2.5 次の値を求めよ．

(1) $\sin i$　　(2) $\sin\left(\dfrac{\pi}{6} - i\right)$　　(3) $\cos\left(\dfrac{\pi}{3} + 2i\right)$

Q2.6 任意の複素数 z に対して，次の式が成り立つことを証明せよ．

$$\cos\left(\frac{\pi}{2} + z\right) = -\sin z$$

Q2.7 次の関数の収束・発散を調べよ．収束するときにはその極限値を求めよ．

(1) $\displaystyle\lim_{z \to 0} \frac{z^2}{|z|^2}$　　(2) $\displaystyle\lim_{z \to i} \frac{z^3 + i}{z - i}$

Q2.8 次の関数が正則かどうかを調べ，正則であればその導関数を求めよ．

(1) $w = \dfrac{1}{z}$　　(2) $w = |z|$

Q2.9　次の関数の導関数を求めよ．

(1) $w = \dfrac{1+iz}{1-iz}$　　(2) $w = \dfrac{z}{i-z^2}$

(3) $w = (2z^3+i)^4$　　(4) $w = (2z-i)(3-iz)$

Q2.10　次の関数の導関数を求めよ．

(1) $w = 5e^{2z} + 4e^{-3iz}$　　(2) $w = \dfrac{e^{2iz}+e^{-2iz}}{e^{2iz}-e^{-2iz}}$

Q2.11　$\cot z = \dfrac{i(e^{iz}+e^{-iz})}{e^{iz}-e^{-iz}}$ と定める．このとき，$(\cot z)' = -\dfrac{1}{\sin^2 z}$ であることを証明せよ．

B

Q2.12　複素数 z_1, z_2 に対して，次の等式が成り立つことを証明せよ．　→ **まとめ 2.3**

(1) $\cos(z_1+z_2) = \cos z_1 \cos z_2 - \sin z_1 \sin z_2$

(2) $\sin(z_1+z_2) = \sin z_1 \cos z_2 + \cos z_1 \sin z_2$

Q2.13　$z = x+iy$（x, y は実数）とするとき，$\sin z = \sin x \cosh y + i \cos x \sinh y$ に対して，コーシー・リーマンの関係式が成り立つことを示せ．　→ **まとめ 2.6**

Q2.14　複素関数 $w = f(z)$ について，複素数 w に対し $w = f(z)$ を満たす複素数 z を対応させる関数を $z = f^{-1}(w)$ と表し，$w = f(z)$ の**逆関数**という．n を 2 以上の自然数とするとき，$w = z^n$ の逆関数を $z = \sqrt[n]{w}$（$n = 2$ のときは $z = \sqrt{w}$）と表す．w と z を入れ換えた関数 $w = \sqrt[n]{z}$ は，$z \neq 0$ のとき n 個の値をとる $\boldsymbol{n}$ **価関数**とよばれるものになる．次の値を求めよ．　→ **まとめ 1.11, Q1.20**

(1) $\sqrt{9i}$　　(2) $\sqrt[3]{-8i}$　　(3) $\sqrt[4]{-1}$

[note]　このように，複素関数は 2 つ以上の値をとる場合もある．1 つの値をとる複素関数を **1 価関数**，2 つ以上の値をとる関数を**多価関数**という．

例題 2.1

1 価関数 $w = f(z)$ の逆関数 $z = f^{-1}(w)$ が正則であるとき，$w = f(z)$ も正則で，$\dfrac{dw}{dz} = \dfrac{1}{\dfrac{dz}{dw}}$ が成り立つ．

関数 $w = \sqrt{z}$ の値域の偏角を $0 \leqq \arg w < \pi$ に制限して，1 価関数と考える．このとき，導関数 $\dfrac{dw}{dz}$ を求めよ．

解 $w = \sqrt{z}$ の逆関数は $z = w^2$ であるので，$\dfrac{dw}{dz} = \dfrac{1}{\dfrac{dz}{dw}} = \dfrac{1}{2w} = \dfrac{1}{2\sqrt{z}}$ となる．

Q2.15 n を 2 以上の自然数とする．関数 $w = \sqrt[n]{z}$ の値域の偏角を $0 \leqq \arg w < \dfrac{2\pi}{n}$ に制限して，1 価関数と考えるとき，導関数 $\dfrac{dw}{dz}$ を求めよ．

例題 2.2

$w = e^z$ の逆関数を $z = \log w$ と表す．z と w を入れ換えた $w = \log z$ を**対数関数**という．対数関数は無限個の値をとる**無限多価関数**とよばれる関数で，0 でない複素数 z に対して，$-\pi < \arg z \leqq \pi$ ととると，$\log z = \log_e |z| + (\arg z + 2n\pi)i$ (n は整数)となる．ただし，$\log_e |z|$ は正の実数 $|z|$ の自然対数の値である．これ以降，正の実数 x の自然対数の値を複素数の対数と区別する必要があるときは，実数の自然対数を $\log_e x$ と表す．また，$w = \log z$ の値域の虚部を $-\pi < \mathrm{Im}\, w \leqq \pi$ に制限し，1 価関数としたものを $w = \mathrm{Log}\, z$ と表す．$\mathrm{Log}\, z$ を $\log z$ の**主値**という．

次の対数関数の値をすべて求めよ．また，主値を求めよ．

(1) $\log 1$　　(2) $\log(-1+i)$

解 n は整数とする．

(1) $|1| = 1$, $\arg 1 = 0$ であるから，$\log 1 = 2n\pi i$ となる．主値は $\mathrm{Log}\, 1 = 0$ である．

(2) $|-1+i| = \sqrt{2}$, $\arg(-1+i) = \dfrac{3\pi}{4}$ であるから，

$$\log(-1+i) = \log_e \sqrt{2} + \left(\frac{3\pi}{4} + 2n\pi\right)i = \frac{1}{2}\log_e 2 + \left(\frac{3\pi}{4} + 2n\pi\right)i$$

となる．主値は $\mathrm{Log}(-1+i) = \dfrac{1}{2}\log_e 2 + \dfrac{3\pi}{4}i$ である．

Q2.16 次の対数関数の値をすべて求めよ．また，主値を求めよ．

(1) $\log(-1)$　　(2) $\log e$　　(3) $\log i$

(4) $\log(-1-i)$　　(5) $\log\left(1+\sqrt{3}i\right)$　　(6) $\log\left(-\sqrt{3}+i\right)$

Q2.17 $\mathrm{Log}\, z^2 = 2\,\mathrm{Log}\, z$ は一般には成り立たないことを，z の例をあげて示せ．

Q2.18 $z_1 = 1 + \sqrt{3}i$, $z_2 = -\sqrt{3} + i$ のとき，次の値を求めよ．

(1) $\mathrm{Log}\, z_1 + \mathrm{Log}\, z_2$　　(2) $\mathrm{Log}\, z_1 z_2$

Q2.19 次の問いに答えよ. → まとめ 2.7

(1) $w = \mathrm{Log}\, z$ の導関数を求めよ.

(2) $w = \dfrac{1}{2i} \mathrm{Log}\, \dfrac{1+iz}{1-iz}$ の導関数を求めよ.

例題 2.3

$w = \sin z$ の逆関数を $z = \sin^{-1} w$, $w = \cos z$ の逆関数を $z = \cos^{-1} w$ とかく. これらを**逆三角関数**という.

$\cos^{-1} 2$ の値を求めよ.

解 $z = \cos^{-1} 2$ とおくと, $\cos z = 2$ となるので, $\dfrac{e^{iz} + e^{-iz}}{2} = 2$ を満たす z を求める. これを整理すると $\left(e^{iz}\right)^2 - 4e^{iz} + 1 = 0$ となるから, $e^{iz} = 2 \pm \sqrt{3}$ である. したがって, $iz = \log(2 \pm \sqrt{3})$ となるから, 次を得る.

$$z = \frac{1}{i} \log(2 \pm \sqrt{3}) = \frac{1}{i} \left(\log_e |2 \pm \sqrt{3}| + 2n\pi i\right)$$
$$= 2n\pi - i \log_e (2 \pm \sqrt{3}) \qquad (n \text{ は整数})$$

[note] $w = \sin^{-1} z$, $w = \cos^{-1} z$ も無限多価関数である.

Q2.20 次の値を求めよ.

(1) $\sin^{-1} \dfrac{1}{2}$　　(2) $\cos^{-1} 2i$

Q2.21 $z = x + iy$ に対して, 正則な複素関数 $f(z) = u(x, y) + iv(x, y)$ の実部 $u(x, y)$ が次のようになっているとき, コーシー・リーマンの関係式を用いて虚部 $v(x, y)$ を定めよ. さらに, $f(z)$ を z で表せ. → まとめ 2.6

(1) $u = x^3 - 3xy^2$　　(2) $u = e^{-y} \cos x$

Q2.22 関数 $f(z) = u(x, y) + iv(x, y)$ が正則であるとき, 次の関数の実部 $U(x, y)$ と虚部 $V(x, y)$ の偏導関数 $\dfrac{\partial U}{\partial x}$, $\dfrac{\partial U}{\partial y}$, $\dfrac{\partial V}{\partial x}$, $\dfrac{\partial V}{\partial y}$ のあいだに成り立つ関係式を求めよ. → まとめ 2.6

(1) $\overline{f(z)}$　　(2) $f(\overline{z})$　　(3) $\overline{f(\overline{z})}$

3　複素関数の積分

まとめ

3.1　複素平面上の曲線　関数 $x(t)$, $y(t)$ が連続であるとき，点 $z = x(t) + iy(t)$ $(\alpha \leqq t \leqq \beta)$ が複素平面上に描く曲線 C を $z = z(t)$ と表し，$\alpha \leqq t \leqq \beta$ を C の**定義域**，$z(\alpha)$ を**始点**，$z(\beta)$ を**終点**という．t の増加にともなって $z(t)$ が移動する向きを C の**向き**という．C の逆向きの曲線を $-$C と表す．

3.2　複素積分　曲線 C が $z = x(t) + iy(t)$ と表されていて，$x(t)$, $y(t)$ の導関数が存在し，連続であるとする（このような曲線を**滑らか**であるという）．このとき，連続な複素関数 $w = f(z)$ の**曲線 C に沿う積分**は，次のようになる．

$$\int_{\mathrm{C}} f(z)\,dz = \int_{\alpha}^{\beta} f(z(t))\frac{dz}{dt}\,dt$$

3.3　複素積分と不等式　曲線 C が $z = z(t)$ $(\alpha \leqq t \leqq \beta)$ と表されているとき，関数 $f(z)$ の積分について，次の不等式が成り立つ．

$$\left|\int_{\mathrm{C}} f(z)\,dz\right| \leqq \int_{\alpha}^{\beta} |f(z(t))|\,|z'(t)|\,dt$$

3.4　単一閉曲線　始点と終点が一致する曲線を**閉曲線**といい，自分自身と交差しない閉曲線を**単一閉曲線**または**単純閉曲線**という．単一閉曲線上を内部を左手に見て進む向きを曲線の**正の向き**といい，その逆向きを**負の向き**という．

3.5　コーシーの積分定理 I　関数 $f(z)$ が，単一閉曲線 C およびその内部で正則であるとき，次が成り立つ．

$$\int_{\mathrm{C}} f(z)\,dz = 0$$

3.6　コーシーの積分定理 II　C を単一閉曲線とする．

(1) C_1 を C の内部に含まれる単一閉曲線とする．関数 $f(z)$ が，C の内部で C_1 の外部である領域およびその境界線上で正則であるとき，次が成り立つ．

$$\int_{\mathrm{C}} f(z)\,dz = \int_{\mathrm{C}_1} f(z)\,dz$$

(2) C の内部に，互いに外部にある n 個の単一閉曲線 $\mathrm{C}_1, \mathrm{C}_2, \ldots, \mathrm{C}_n$ が含まれているとする．関数 $f(z)$ が，C の内部で $\mathrm{C}_1, \mathrm{C}_2, \ldots, \mathrm{C}_n$ の外部である

領域およびその境界線上で正則であるとき，次が成り立つ．

$$\int_{\mathrm{C}} f(z)\,dz = \sum_{k=1}^{n} \int_{\mathrm{C}_k} f(z)\,dz$$

3.7　コーシーの積分表示 I　C を単一閉曲線とする．

(1) 関数 $f(z)$ が C およびその内部で正則であるとき，C の内部の任意の点 a に対して，次が成り立つ．

$$f(a) = \frac{1}{2\pi i} \int_{\mathrm{C}} \frac{f(z)}{z-a}\,dz$$

(2) C_1 を C の内部に含まれる単一閉曲線とする．関数 $f(z)$ が，C と C_1 にはさまれる領域 D およびその境界線上で正則であるとき，領域 D に含まれる任意の点 a に対して，次が成り立つ．

$$f(a) = \frac{1}{2\pi i} \left\{ \int_{\mathrm{C}} \frac{f(z)}{z-a}\,dz - \int_{\mathrm{C}_1} \frac{f(z)}{z-a}\,dz \right\}$$

3.8　コーシーの積分表示 II　関数 $f(z)$ が領域 D で正則であるとき，$f(z)$ は D で何回でも微分可能である．さらに，単一閉曲線 C およびその内部が D に含まれるとき，C の内部の任意の点 a に対して，次が成り立つ．

$$f^{(n)}(a) = \frac{n!}{2\pi i} \int_{\mathrm{C}} \frac{f(z)}{(z-a)^{n+1}}\,dz \quad (n = 0, 1, 2, \ldots)$$

A

Q3.1　曲線 C に沿う次の積分を求めよ．

(1) $\displaystyle\int_{\mathrm{C}} z\,dz,\quad \mathrm{C}\colon z = t + it^2 \quad (0 \leqq t \leqq 1)$

(2) $\displaystyle\int_{\mathrm{C}} z^2\,dz,\quad \mathrm{C}\colon z = 1 - it \quad (0 \leqq t \leqq 2)$

(3) $\displaystyle\int_{\mathrm{C}} (z-1)^3\,dz,\quad \mathrm{C}\colon z = 1 + e^{it} \quad \left(0 \leqq t \leqq \frac{\pi}{4}\right)$

Q3.2　曲線 C が (　) 内の点を内部に含む単一閉曲線であるとき，次の積分を求めよ．

(1) $\displaystyle\int_{\mathrm{C}} \frac{z}{z+i}\,dz \quad (z = -i)$　　(2) $\displaystyle\int_{\mathrm{C}} \frac{z^2+4}{z}\,dz \quad (z = 0)$

Q3.3 まとめ 3.7 を用いて，次の積分を求めよ．

(1) $\displaystyle\int_{|z+2|=1} \frac{z^3}{z+2}\,dz$　　(2) $\displaystyle\int_{|z-i|=1} \frac{z^2}{z^4-1}\,dz$

Q3.4 まとめ 3.8 を用いて，次の積分を求めよ．

(1) $\displaystyle\int_{|z|=1} \frac{e^{iz}}{z^2}\,dz$　　(2) $\displaystyle\int_{|z|=2} \frac{e^{iz}}{(z-i)^3}\,dz$　　(3) $\displaystyle\int_{|z-1|=1} \frac{z\cos\pi z}{(z-1)^2}\,dz$

B

Q3.5 次のそれぞれの場合について，積分 $\displaystyle I=\int_{\mathrm{C}} \frac{z^3}{z^4-1}\,dz$ を求めよ．

→ **まとめ 3.7, Q3.3**

(1) C が 1 を内部に，$-1, i, -i$ を外部にもつ単一閉曲線の場合

(2) C が -1 と $-i$ を内部に，1 と i を外部にもつ単一閉曲線の場合

Q3.6 曲線 C が次のそれぞれの場合について，積分 $\displaystyle I=\int_{\mathrm{C}} \frac{z+3}{z^2(z-2)^3}\,dz$ を求めよ．

→ **まとめ 3.8, Q3.4**

(1) C: $|z|=1$　　(2) C: $|z-2|=1$

例題 3.1

積分 $\displaystyle\int_{|z|=2} \operatorname{Re} z\,dz$ を求めよ．

解 $|z|=2$ は $z=2e^{i\theta}$ $(0 \leqq \theta \leqq 2\pi)$ と表すことができる．このとき，

$$dz = 2ie^{i\theta}d\theta, \quad \operatorname{Re} z = \frac{z+\overline{z}}{2} = \frac{2e^{i\theta}+2e^{-i\theta}}{2} = e^{i\theta}+e^{-i\theta}$$

となる．したがって，求める積分は次のようになる．

$$\int_{|z|=2} \operatorname{Re} z\,dz = \int_0^{2\pi} \left(e^{i\theta}+e^{-i\theta}\right)\cdot 2ie^{i\theta}d\theta$$
$$= 2i\int_0^{2\pi}\left(e^{2i\theta}+1\right)d\theta = 2i\left[\frac{1}{2i}e^{2i\theta}+\theta\right]_0^{2\pi} = 4\pi i$$

Q3.7 次の積分を求めよ．

(1) $\displaystyle\int_{|z|=r} \overline{z}\,dz$　　(2) $\displaystyle\int_{|z|=r} \operatorname{Im} z\,dz$

Q3.8　次の積分を求めよ．　→ まとめ 3.2, Q3.1

(1) $\displaystyle\int_C |dz|,\quad C: z = re^{i\theta}\quad (0 \leqq \theta \leqq \alpha)$

(2) $\displaystyle\int_C \frac{z}{(z-a)^3}\,dz,\quad C: z = a + re^{i\theta}\quad (0 \leqq \theta \leqq \pi)$

例題 3.2

曲線 C: $z = z(t)$ $(\alpha \leqq t \leqq \beta)$ に沿う積分について，

$$\left|\int_C f(z)\,dz\right| \leqq \int_\alpha^\beta |f(z(t))||z'(t)|\,dt \qquad \cdots\cdots①$$

が成り立つことを用いて，次の不等式を証明せよ．

$$\left|\int_C \frac{dz}{z}\right| \leqq 2,\quad C: z = R + (-1+i)t\quad (0 \leqq t \leqq R)$$

証明　式①より，左辺 $= \left|\displaystyle\int_C \frac{dz}{z}\right| \leqq \displaystyle\int_0^R \frac{1}{|R+(-1+i)t|}\cdot|-1+i|\,dt = \displaystyle\int_0^R \frac{1}{\sqrt{(R-t)^2+t^2}}\cdot\sqrt{2}\,dt$ が成り立つ．ここで，$(R-t)^2+t^2 = 2\left(t-\dfrac{R}{2}\right)^2+\dfrac{R^2}{2} \geqq \dfrac{R^2}{2}$ であるから，$\dfrac{1}{\sqrt{(R-t)^2+t^2}} \leqq \dfrac{\sqrt{2}}{R}$ となるので，左辺 $= \left|\displaystyle\int_C \frac{dz}{z}\right| \leqq \displaystyle\int_0^R \frac{2}{R}\,dt = 2 =$ 右辺 となる．したがって，不等式が成り立つ．**証明終**

Q3.9　次の不等式を証明せよ．

(1) $\left|\displaystyle\int_C \frac{e^{iz}}{z}\,dz\right| \leqq \dfrac{2}{e^R},\quad C: z = t + Ri\quad (-R \leqq t \leqq R)$

(2) $\left|\displaystyle\int_C \frac{dz}{z-3i}\right| \leqq \dfrac{\pi}{2},\quad C: z = e^{i\theta}\quad (0 \leqq \theta \leqq \pi)$

Q3.10　関数 $f(z)$ は領域 D で正則であるとする．また，ある正の定数 M が存在して，D に属するすべての z で $|f(z)| \leqq M$ が成り立つとする．領域 $|z-a| \leqq r$ が D に含まれるとき，次の不等式が成り立つことを示せ．　→ まとめ 3.8, Q3.8

$$\left|f^{(n)}(a)\right| \leqq \frac{n!}{r^n}M$$

例題 3.3

曲線 C を $z = e^{i\theta}$ $(0 \leqq \theta \leqq \pi)$ とするとき，次の積分を求めよ．

$$\int_{\mathrm{C}} \frac{1}{z^2+3}\,dz$$

解 C_1 を実軸上の $x=-1$ から $x=1$ に向かう線分とする．曲線 $\mathrm{C}+\mathrm{C}_1$ およびその内部で $\dfrac{1}{z^2+3}$ は正則であるから，コーシーの積分定理によって，

$$\int_{\mathrm{C}+\mathrm{C}_1} \frac{1}{z^2+3}\,dz = \int_{\mathrm{C}} \frac{1}{z^2+3}\,dz + \int_{\mathrm{C}_1} \frac{1}{z^2+3}\,dz = 0$$

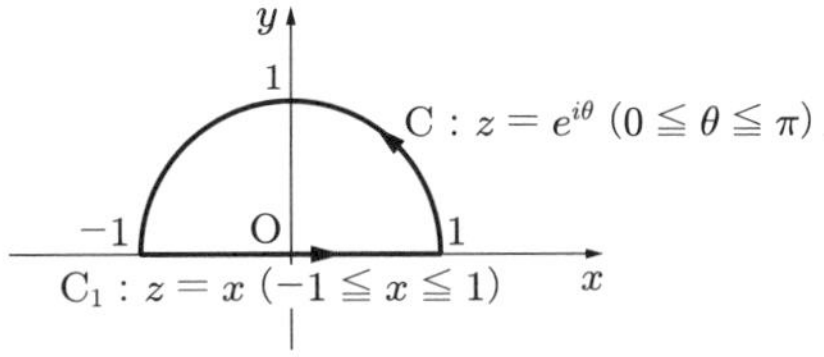

である．したがって，次のようになる．

$$\int_{\mathrm{C}} \frac{1}{z^2+3}\,dz = -\int_{\mathrm{C}_1} \frac{1}{z^2+3}\,dz = -\int_{-1}^{1} \frac{1}{x^2+3}\,dx = -\left[\frac{1}{\sqrt{3}}\tan^{-1}\frac{x}{\sqrt{3}}\right]_{-1}^{1} = -\frac{\pi}{3\sqrt{3}}$$

Q3.11 曲線 C に沿う次の積分を求めよ．

(1) $\displaystyle\int_{\mathrm{C}} \left(e^{\frac{\pi}{2}iz} + e^{-\frac{\pi}{2}iz}\right) dz$, $\mathrm{C} : z = e^{i\theta}$ $(0 \leqq \theta \leqq \pi)$

(2) $\displaystyle\int_{\mathrm{C}} \frac{1}{z^2-4}\,dz$, $\mathrm{C} : z = \sqrt{3}\,e^{i\theta}$ $(0 \leqq \theta \leqq \pi)$

4 ローラン展開と留数定理

まとめ

4.1 数列の極限 複素数の数列 $\{c_n\}$ に対し，n が限りなく大きくなるとき，c_n がある複素数 α に限りなく近づいていくならば，数列 $\{c_n\}$ は α に**収束する**といい，$\displaystyle\lim_{n\to\infty} c_n = \alpha$ または $c_n \to \alpha$ $(n \to \infty)$ と表す．α を $\{c_n\}$ の**極限値**という．収束しない数列は**発散する**という．

4.2 級数　複素数の数列 $\{c_n\}$ に対し，その形式的な和

$$\sum_{n=0}^{\infty} c_n = c_0 + c_1 + c_2 + \cdots + c_n + \cdots$$

を**無限級数**または**級数**という．級数の部分和 $S_n = \sum_{k=0}^{n} c_k$ からなる数列 $\{S_n\}$ が S に収束するとき，この級数は**収束する**といい，S を**級数の和**という．収束しない級数は**発散する**という．

4.3 等比級数の和　等比級数 $\sum_{n=0}^{\infty} z^n$ は $|z| < 1$ のとき収束し，その和は

$$\sum_{n=0}^{\infty} z^n = 1 + z + z^2 + \cdots + z^n + \cdots = \frac{1}{1-z}$$

である．$|z| \geqq 1$ のとき，この等比級数は発散する．

4.4 べき級数とべき級数展開　a, c_n を定数とするとき，級数

$$\sum_{n=0}^{\infty} c_n(z-a)^n = c_0 + c_1(z-a) + c_2(z-a)^2 + \cdots + c_n(z-a)^n + \cdots \quad ①$$

を $z = a$ を中心とする**べき級数**という．べき級数①が $|z-a| < R$ のとき収束し，$|z-a| > R$ のとき発散するような正の数 R が存在するとき，R を①の**収束半径**という．任意の複素数に対して収束するときは，$R = \infty$ とかく．関数 $f(z)$ が $f(z) = \sum_{n=0}^{\infty} c_n(z-a)^n$ と表されているとき，これを $f(z)$ の $z = a$ を中心とする**べき級数展開**という．

4.5 べき級数の性質　べき級数 $\sum_{n=0}^{\infty} c_n(z-a)^n$, $\sum_{n=0}^{\infty} d_n(z-a)^n$ が収束するとき，次が成り立つ．

(1) $\sum_{n=0}^{\infty} kc_n(z-a)^n = k\sum_{n=0}^{\infty} c_n(z-a)^n$　（k は定数）

(2) $\sum_{n=0}^{\infty}(c_n \pm d_n)(z-a)^n = \sum_{n=0}^{\infty} c_n(z-a)^n \pm \sum_{n=0}^{\infty} d_n(z-a)^n$　（複号同順）

(3) (項別微分) $\left\{\sum_{n=0}^{\infty} c_n(z-a)^n\right\}' = \sum_{n=1}^{\infty} nc_n(z-a)^{n-1}$

(4) (項別積分) $\int_C \sum_{n=0}^{\infty} c_n(z-a)^n\,dz = \sum_{n=0}^{\infty}\int_C c_n(z-a)^n\,dz$

4.6 正則関数のテイラー展開 関数 $f(z)$ は，点 a を中心とする半径 R の円 C およびその内部で正則であるとする．このとき，円 C の内部の任意の点 z について，$f(z)$ は次のようなべき級数に展開できる．これを $z=a$ を中心とする**テイラー展開**という．

$$f(z) = \sum_{n=0}^{\infty} \frac{f^{(n)}(a)}{n!}(z-a)^n$$

4.7 マクローリン展開 $z=0$ を中心とするテイラー展開を**マクローリン展開**という．基本的な関数のマクローリン展開について，次が成り立つ．(　) 内は収束半径である．

(1) $\dfrac{1}{1-z} = 1+z+z^2+z^3+\cdots \qquad (R=1)$

(2) $e^z = 1+\dfrac{z}{1!}+\dfrac{z^2}{2!}+\dfrac{z^3}{3!}+\cdots \qquad (R=\infty)$

(3) $\sin z = \dfrac{z}{1!}-\dfrac{z^3}{3!}+\dfrac{z^5}{5!}-\dfrac{z^7}{7!}+\cdots \qquad (R=\infty)$

(4) $\cos z = 1-\dfrac{z^2}{2!}+\dfrac{z^4}{4!}-\dfrac{z^6}{6!}+\cdots \qquad (R=\infty)$

4.8 ローラン展開 関数 $f(z)$ が領域 $0<|z-a|<R$ で正則であるとき，この領域に含まれる任意の z に対して，次が成り立つ．

$$f(z) = \sum_{n=-\infty}^{\infty} c_n(z-a)^n \qquad \cdots\cdots ①$$

このとき，c_n は r を $0<r<R$ を満たす任意の数として，次の式で表される．

$$c_n = \frac{1}{2\pi i}\int_{|\zeta-a|=r} \frac{f(\zeta)}{(\zeta-a)^{n+1}}\,d\zeta$$

①を $z=a$ を中心とする**ローラン展開**といい，負のべきの部分 $\displaystyle\sum_{n=1}^{\infty}\frac{c_{-n}}{(z-a)^n}$ をローラン展開の**主要部**という．

4.9 孤立特異点　関数 $f(z)$ が $z=a$ で正則でないとき，点 a を関数 $f(z)$ の**特異点**という．また，関数 $f(z)$ が点 a では正則でないが，領域 $0<|z-a|<r$ で正則であるようにできるとき，点 a を関数 $f(z)$ の**孤立特異点**という．孤立特異点 a は，$z=a$ を中心とするローラン展開の主要部の形によって，次のように分類される．

(i) 主要部がないとき，a は $f(z)$ の**除去可能な特異点**とよばれる．

(ii) $c_{-m}\neq 0$ となる最大の自然数 m があるとき，a は $f(z)$ の**極**といい，m をその位数という．a を $\boldsymbol{m}$ **位の極**ということもある．

(iii) 主要部に無限個の項が含まれるとき，a は $f(z)$ の**真性特異点**とよばれる．

4.10 留数　$z=a$ を関数 $f(z)$ の孤立特異点とし，$f(z)$ は $0<|z-a|<R$ で正則であるとする．関数 $f(z)$ の $z=a$ を中心とするローラン展開の $\dfrac{1}{z-a}$ の係数

$$c_{-1}=\frac{1}{2\pi i}\int_{|z-a|=r} f(z)\,dz \quad (0<r<R)$$

を，$f(z)$ の a における**留数**といい，$\mathrm{Res}[f(z),a]$ で表す．

4.11 極の位数と留数　留数について，次が成り立つ．

(1) 点 a が $f(z)$ の位数 1 の極であるとき：

$$\mathrm{Res}[f(z),a]=\lim_{z\to a}(z-a)f(z)$$

点 a が $f(z)$ の位数 m $(m\geqq 2)$ の極であるとき：

$$\mathrm{Res}[f(z),a]=\frac{1}{(n-1)!}\lim_{z\to a}\frac{d^{m-1}}{dz^{m-1}}\{(z-a)^m f(z)\}$$

(2) $f(z)$, $g(z)$ が正則で，$g(a)=0$, $g'(a)\neq 0$ であるとき：

$$\mathrm{Res}\left[\frac{f(z)}{g(z)},a\right]=\frac{f(a)}{g'(a)}$$

4.12 留数定理　関数 $f(z)$ は，単一閉曲線 C とその内部で，C の内部にある有限個の点 a_k $(k=1,2,\ldots,n)$ を除いて正則であるとする．このとき，次が成り立つ．

$$\int_{\mathrm{C}} f(z)\,dz=2\pi i\sum_{k=1}^{n}\mathrm{Res}\,[f(z),a_k]$$

A

Q4.1 c_n が次の式で与えられた数列 $\{c_n\}$ の収束・発散を調べ，収束するときにはその極限値を求めよ．

(1) $c_n = \left(\dfrac{3-2i}{4}\right)^n$　(2) $c_n = \left(\dfrac{2}{1-i}\right)^n$　(3) $c_n = \left(\dfrac{\sqrt{3}+i}{2}\right)^n$

Q4.2 与えられた z に対して，等比級数 $\displaystyle\sum_{n=0}^{\infty} z^n$ の収束・発散を調べ，収束するときにはその和を求めよ．

(1) $z = 1-2i$　(2) $z = \dfrac{1+2i}{3}$

Q4.3 マクローリン展開を利用して，次の極限値を求めよ．

(1) $\displaystyle\lim_{z\to 0} \frac{z+1-e^z}{z^2}$　(2) $\displaystyle\lim_{z\to 0} \frac{z^3}{z-\sin z}$

Q4.4 次の関数の $z=0$ を中心とするローラン展開を求めよ．

(1) $\dfrac{1}{z(1-z)}$　(2) $z^2 e^{-\frac{1}{z}}$

Q4.5 次の関数の孤立特異点 $z=0$ を中心とするローラン展開の主要部を求めよ．また，0 はどのような孤立特異点かを述べよ．

(1) $\dfrac{z-\sin z}{z^3}$　(2) $\dfrac{\cos z}{z^3}$　(3) $z^3 e^{-\frac{1}{z}}$

Q4.6 r を正の定数とするとき，次の積分を求めよ．　→ Q4.5

(1) $\displaystyle\int_{|z|=r} \frac{z-\sin z}{z^3}\,dz$　(2) $\displaystyle\int_{|z|=r} \frac{\cos z}{z^3}\,dz$　(3) $\displaystyle\int_{|z|=r} z^3 e^{-\frac{1}{z}}\,dz$

Q4.7 次の留数を求めよ．

(1) $\operatorname{Res}\left[\dfrac{1}{z(z-1)^3},\ 0\right]$　(2) $\operatorname{Res}\left[\dfrac{e^z}{(z-1)(z+2)^2},\ -2\right]$

(3) $\operatorname{Res}\left[\dfrac{e^{iz}}{\cos z},\ \dfrac{\pi}{2}\right]$

Q4.8 次の曲線 C に沿う積分 $\displaystyle\int_{\mathrm{C}} \frac{3z+i}{z(2z+3i)^2}\,dz$ を求めよ．

(1) $\mathrm{C}: |z+2i| = 1$　(2) $\mathrm{C}: |z| = 2$

Q4.9 次の定積分を求めよ．

(1) $\displaystyle\int_0^{2\pi} \frac{d\theta}{3+\cos\theta}$　(2) $\displaystyle\int_0^{2\pi} \frac{d\theta}{\sqrt{2}+\sin\theta}$

Q4.10 $R>0$ とし，$\mathrm{C}_0 : z = x\ (-R \leqq x \leqq R)$, $\mathrm{C}_R : z = Re^{i\theta}\ (0 \leqq \theta \leqq \pi)$, $\mathrm{C} = \mathrm{C}_0 + \mathrm{C}_R$ とする．$f(z) = \dfrac{ze^{iz}}{(z^2+1)^2}$ に対して，次の問いに答えよ．

(1) $\displaystyle\int_{\mathrm{C}_0} f(z)\,dz = 2i\int_0^R \frac{x\sin x}{(x^2+1)^2}\,dx$ であることを示せ．

(2) $\displaystyle\lim_{R\to\infty}\int_{\mathrm{C}_R} f(z)\,dz = 0$ であることを示せ．

(3) $R>1$ のとき，$\displaystyle\int_{\mathrm{C}} f(z)\,dz$ を求めよ．

(4) 実積分 $\displaystyle\int_0^\infty \frac{x\sin x}{(x^2+1)^2}\,dx$ を求めよ．

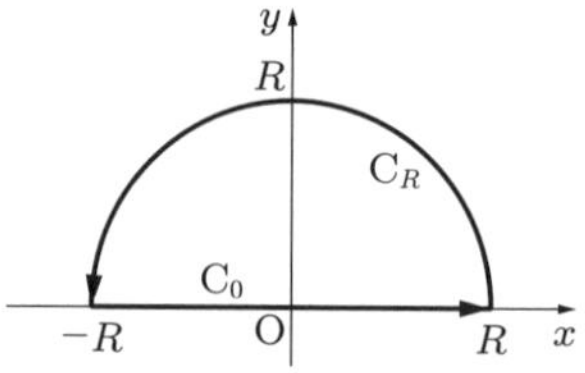

B

例題 4.1

関数 $f(z) = \dfrac{z}{e^z}$ の，$z=1$ を中心とするテイラー展開を求めよ．

解 e^z のマクローリン展開を利用する．$w = z-1$ とすると，求めるテイラー展開は次のように得られる．

$$
\begin{aligned}
\frac{z}{e^z} &= \frac{1+w}{e^{1+w}} = \frac{1}{e}(1+w)\,e^{-w} \\
&= \frac{1}{e}(1+w)\left(1 - \frac{w}{1!} + \frac{w^2}{2!} - \frac{w^3}{3!} + \frac{w^4}{4!} - \cdots\right) \\
&= \frac{1}{e}\left\{1 - \left(\frac{1}{1!} - \frac{1}{2!}\right)w^2 + \left(\frac{1}{2!} - \frac{1}{3!}\right)w^3 - \left(\frac{1}{3!} - \frac{1}{4!}\right)w^4 + \cdots\right\} \\
&= \frac{1}{e}\left\{1 - \frac{1}{2!}w^2 + \frac{2}{3!}w^3 - \frac{3}{4!}w^4 + \cdots + \frac{(-1)^{n-1}(n-1)}{n!}w^n + \cdots\right\} \\
&= \sum_{n=0}^{\infty} \frac{(-1)^{n-1}(n-1)}{e\cdot n!}(z-1)^n
\end{aligned}
$$

Q4.11 次の関数の，(　) 内に示された点を中心とするテイラー展開を求めよ．

(1) $\dfrac{z-1}{z+1}\quad (z=1)$

(2) $\dfrac{z}{z+1}\quad (z=i)$

(3) $ze^{iz}\quad (z=i)$

(4) $\cos\dfrac{z}{i}\quad \left(z = \dfrac{\pi}{2}i\right)$

Q4.12 次の積分を求めよ．

→ まとめ 4.11, 4.12, Q4.8

(1) $\displaystyle\int_{|z|=1} \frac{e^z}{z}\,dz$

(2) $\displaystyle\int_{|z|=1} \frac{z+3}{z(z-2)}\,dz$

(3) $\displaystyle\int_{|z-2|=1} \frac{\cos\frac{\pi z}{2}}{z(z-2)^2}\,dz$　　(4) $\displaystyle\int_{|z|=1} \frac{e^{iz}}{z^2}\,dz$

Q4.13　次の積分を求めよ．　→ **まとめ** 4.11, 4.12, Q4.7, Q4.8

(1) $\displaystyle\int_{|z|=2} \frac{\sin z}{z^2+1}\,dz$　　(2) $\displaystyle\int_{|z-i|=1} \frac{z^2}{z^4+1}\,dz$

Q4.14　$f(z) = \dfrac{z-2}{z}e^{\frac{1}{z}}$ に対して，次の問いに答えよ．

→ **まとめ** 4.8, 4.11, 4.12, Q4.4, Q4.8

(1) $f(z)$ の $z=0$ を中心とするローラン展開を求めよ．

(2) 積分 $\displaystyle\int_{|z|=1} f(z)\,dz$ を求めよ．

Q4.15　次の問いに答えよ．　→ **まとめ** 4.11, 4.12, Q4.8

(1) $0<r<R$ のとき，$\displaystyle\int_{|z|=R} \frac{dz}{(z-r)(R^2-rz)} = \frac{2\pi i}{R^2-r^2}$ を示せ．

(2) (1) の結果を利用して，$\displaystyle\frac{1}{2\pi}\int_0^{2\pi} \frac{R^2-r^2}{R^2-2Rr\cos\theta+r^2}\,d\theta = 1$ を示せ．

Q4.16　積分 $\displaystyle\int_{\left|z+\frac{1}{2}\right|=1} \frac{1}{z^3-1}\,dz$ を求めよ．　→ **まとめ** 4.11, 4.12, Q4.8

Q4.17　積分 $\displaystyle\int_{\mathrm{C}} \frac{1}{z^2+1}dz$　$(\mathrm{C} : z = \sqrt{3}e^{i\theta},\ 0 \leqq \theta \leqq \pi)$ を求めよ．

→ **まとめ** 4.11, 4.12, Q4.9

例題 4.2

$f(z) = \dfrac{e^{iz}}{z}$ とし，図 1 のように向きをもつ半円 C_R, C_ε，線分 C_1, C_2 をとる．このとき，次の問いに答えよ．

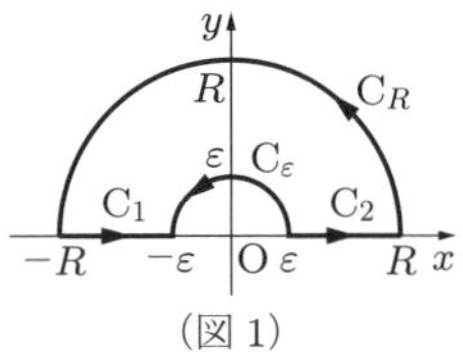

（図 1）

(1) $0 \leqq \theta \leqq \dfrac{\pi}{2}$ に対して，$\dfrac{2\theta}{\pi} \leqq \sin\theta$ が成り立つ（図 2 参照）．このことを使って，不等式 $\left|\displaystyle\int_{\mathrm{C}_R} f(z)\,dz\right| < \dfrac{\pi}{R}$ が成り立つことを証明せよ（これは**ジョルダンの補助定理**とよばれるものの 1 つで，複素積分の計算にしばしば用いられる）．

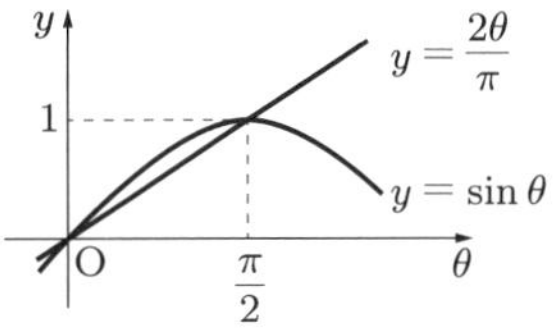

（図 2）

(2) (1) を使って，$\displaystyle\lim_{R\to\infty}\int_{\mathrm{C}_R} f(z)\,dz = 0$ となることを示せ．

(3) $\displaystyle\lim_{\varepsilon\to+0}\int_{\mathrm{C}_\varepsilon} f(z)\,dz = \pi i$ となることを示せ．

(4) $\displaystyle\int_{\mathrm{C}_1+\mathrm{C}_2} f(z)\,dz = \int_\varepsilon^R \frac{2i\sin x}{x}\,dx$ となることを示せ．

(5) 積分 $\displaystyle\int_0^\infty \frac{\sin x}{x}\,dx$ を求めよ．

解　(1) $z = Re^{i\theta} = R(\cos\theta + i\sin\theta)$ $(0 \leqq \theta \leqq \pi)$ とすると，$dz = iRe^{i\theta}\,d\theta$ となるから，

$$\text{左辺} = \left|\int_{\mathrm{C}_R} f(z)\,dz\right| = \left|\int_0^\pi \frac{e^{iR(\cos\theta+i\sin\theta)}}{Re^{i\theta}} iRe^{i\theta}\,d\theta\right| \leqq \int_0^\pi e^{-R\sin\theta}\,d\theta$$

となる．ここで，$y = e^{-R\sin\theta}$ は直線 $\theta = \dfrac{\pi}{2}$ に関して対称であり，$0 \leqq \theta \leqq \dfrac{\pi}{2}$ では $-R\sin\theta \leqq -\dfrac{2R}{\pi}\theta$ である．したがって，次が成り立つ．

$$\text{左辺} \leqq \int_0^\pi e^{-R\sin\theta}\,d\theta = 2\int_0^{\frac{\pi}{2}} e^{-R\sin\theta}\,d\theta$$
$$\leqq 2\int_0^{\frac{\pi}{2}} e^{-\frac{2R}{\pi}\theta}\,d\theta = \frac{\pi}{R}\left(1 - e^{-R}\right) < \frac{\pi}{R} = \text{右辺}$$

(2) (1) によって，$\displaystyle\lim_{R\to\infty}\left|\int_{\mathrm{C}_R} f(z)\,dz\right| \leqq \lim_{R\to\infty}\frac{\pi}{R} = 0$ であるので，$\displaystyle\lim_{R\to\infty}\int_{\mathrm{C}_R} f(z)\,dz = 0$ となる．

(3) $f(z) = \dfrac{e^{iz}}{z} = \dfrac{1}{z}\left\{1 + \dfrac{iz}{1!} + \dfrac{(iz)^2}{2!} + \cdots\right\} = \dfrac{1}{z} + \dfrac{i}{1!} + \dfrac{i^2}{2!}z + \cdots$ となる．

$\varphi(z) = \dfrac{i}{1!} + \dfrac{i^2}{2!}z + \cdots$ とおくと，$\varphi(z)$ は全平面で正則である．C_ε は $z = \varepsilon e^{i\theta}$ $(0 \leqq \theta \leqq \pi)$ と表されるから，次が得られる．

$$\int_{\mathrm{C}_\varepsilon} f(z)\,dz = \int_{\mathrm{C}_\varepsilon}\left\{\frac{1}{z} + \varphi(z)\right\}dz = \int_0^\pi \left\{\frac{1}{\varepsilon e^{i\theta}} + \varphi(\varepsilon e^{i\theta})\right\} i\varepsilon e^{i\theta} d\theta$$
$$= \pi i + i\varepsilon\int_0^\pi e^{i\theta}\varphi(\varepsilon e^{i\theta})\,d\theta \to \pi i \quad (\varepsilon \to +0)$$

(4) $\displaystyle\int_{\mathrm{C}_1+\mathrm{C}_2} f(z)\,dz = \int_{-R}^{-\varepsilon}\frac{e^{ix}}{x}\,dx + \int_\varepsilon^R \frac{e^{ix}}{x}\,dx$ である．右辺の第 1 項で $x = -t$ とすると，$dx = -dt$ となるので，$\displaystyle\int_{-R}^{-\varepsilon}\frac{e^{ix}}{x}\,dx = \int_R^\varepsilon \frac{e^{-it}}{t}\,dt = -\int_\varepsilon^R \frac{e^{-ix}}{x}\,dx$

となる．したがって，$\displaystyle\int_{C_1+C_2} f(z)\,dz = \int_\varepsilon^R \frac{e^{ix}-e^{-ix}}{x}\,dx = \int_\varepsilon^R \frac{2i\sin x}{x}\,dx$ である．

(5) 関数 $f(z)$ を，単一閉曲線 $C_1 - C_\varepsilon + C_2 + C_R$ に沿って積分する．$f(z)$ はこの閉曲線の内部で正則であるから，

$$\int_{C_1} f(z)\,dz - \int_{C_\varepsilon} f(z)\,dz + \int_{C_2} f(z)\,dz + \int_{C_R} f(z)\,dz = 0 \qquad \cdots\cdots ①$$

である．

(2)〜(4) から，① の $\varepsilon \to 0$, $R \to \infty$ とした極限値は $\displaystyle\int_0^\infty \frac{2i\sin x}{x}\,dx - \pi i = 0$ となり，$\displaystyle\int_0^\infty \frac{\sin x}{x}\,dx = \frac{\pi}{2}$ が得られる．

Q4.18 $f(z) = \dfrac{1-e^{iz}}{z^2}$ とし，例題 4.2 と同様に，半円 C_R, C_ε，線分 C_1, C_2 をとる．次の問いに答えよ．

(1) $\displaystyle\left|\int_{C_R} f(z)\,dz\right| \leqq \frac{(R+1)\pi}{R^2}$ となることを示せ．

(2) (1) を使って，$\displaystyle\lim_{R\to\infty}\int_{C_R} f(z)\,dz = 0$ となることを示せ．

(3) $\displaystyle\lim_{\varepsilon\to+0}\int_{C_\varepsilon} f(z)\,dz$ を求めよ．

(4) $\displaystyle\int_{C_1+C_2} f(z)\,dz = \int_\varepsilon^R \frac{2(1-\cos x)}{x^2}\,dx$ となることを示せ．

(5) $\displaystyle\int_{-\infty}^\infty \frac{1-\cos x}{x^2}\,dx$ を求めよ．　　(6) $\displaystyle\int_{-\infty}^\infty \left(\frac{\sin x}{x}\right)^2 dx$ を求めよ．

C

Q1 x, y は実数とする．関数 $u(x,y) = x^3 - 3xy^2 + 6xy$ に対して，次の問いに答えよ．

（類題：北海道大学，筑波大学）

〈point〉 Q1 (2) コーシー・リーマンの関係式から虚部が決まる．　→ Q2.20

(3) $z^2 = x^2 - y^2 + 2ixy$, $z^3 = x^3 - 3xy^2 + i(3x^2y - y^3)$ などを使って，z の式で表す．整数 n に対して $\displaystyle\int_{|z|=1} z^n\,dz = \begin{cases} 0 & (n \neq -1) \\ 2\pi i & (n = -1) \end{cases}$ となる．

(1) $\dfrac{\partial^2 u}{\partial x^2} + \dfrac{\partial^2 u}{\partial y^2} = 0$ を満たす関数 $u(x,y)$ を**調和関数**という．$u(x,y)$ は調和関数であることを示せ．

(2) $z = x + iy$ とする．$u(x,y)$ を実部にもつ正則関数 $f(z)$ の虚部 $v(x,y)$ で，$v(0,0) = 1$ を満たすものを求めよ．

(3) (2) の正則関数 $f(z)$ を z の式で表し，積分 $\displaystyle\int_{|z|=1} \frac{f(z)}{z^3}\,dz$ を求めよ．

Q2　$z^2 - 6z + 2iz = -8 + 14i$ を満たす複素数 z を求めよ．　（類題：横浜国立大学）

Q3　複素数 a, b に対して，$a^b = e^{b \log a}$ と定義する．次の値をすべて求めよ．

（類題：筑波大学）

(1) i^{-i}　　(2) $(-i)^i$　　(3) $(-i)^{-i}$

Q4　関数 $f(x) = \dfrac{x^2}{x^4 + 4}$ に対して，次の問いに答えよ．　（類題：東京大学）

(1) $R > \sqrt{2}$ とする．右図のように，複素数平面上で，原点 O から点 R に向かう経路を C_1，原点中心半径 R の円周に沿って，点 R から点 Ri に向かう経路を C_2，点 Ri から原点 O に向かう経路を C_3 とし，積分経路を $\mathrm{C} = \mathrm{C}_1 + \mathrm{C}_2 + \mathrm{C}_3$ とする．積分経路 C の内部にある複素関数 $f(z)$ の孤立特異点を求めよ．

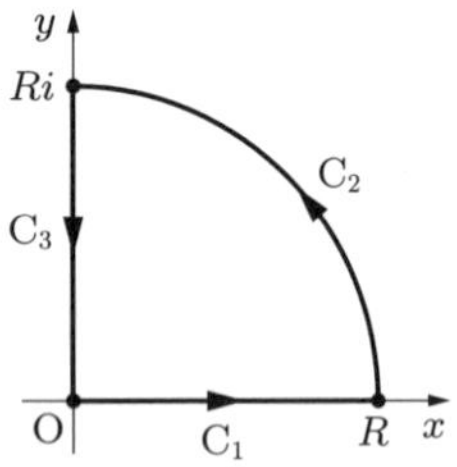

(2) 複素積分 $\displaystyle\int_{\mathrm{C}} f(z)\,dz$ を求めよ．

(3) 複素積分 $\displaystyle\int_{\mathrm{C}_2} f(z)\,dz$ の，$R \to \infty$ としたときの極限値を求めよ．

(4) 広義積分 $\displaystyle\int_0^{\infty} f(x)\,dx$ を求めよ．

Q5　関数 $f(z) = \dfrac{z^2}{e^{\pi z} + 1}$ について次の問いに答えよ．　（類題：京都大学）

(1) $f(z)$ の極のうち，$|z| < 10$ を満たすものを求めよ．

(2) 複素積分 $\displaystyle\int_{|z|=10} f(z)\,dz$ を求めよ．

〈point〉 Q2　$z^2 - 6z + 2iz = (z - 3 + i)^2 - (-3 + i)^2$ と変形できることを利用する．　→ Q1.20

Q3　複素数の対数関数は例題 2.2, Q2.16 を参照．

Q4　(1) 積分経路の内部の特異点は 1 点のみ．(2) 留数の計算にはまとめ 4.11(2) の公式を使う．Q4.8(3) も参照．(3) まとめ 3.3 の不等式を使う．(4) C_3 に沿う積分も C_1 に沿う積分を利用して求められる．

Q5　(1) $e^{\pi z} = -1$ より，$\pi z = \log(-1)$ となる．　→ **例題** 2.2, Q2.15

(2) (1) で求めた極における留数を求める．　→ **まとめ** 4.11

Chapter

3 ラプラス変換

1 ラプラス変換

まとめ

1.1 ラプラス変換　$t \geqq 0$ で定義された関数 $f(t)$ に対して，広義積分

$$F(s) = \int_0^\infty e^{-st} f(t)\, dt$$

が存在するとき，$F(s)$ を $f(t)$ の**ラプラス変換**といい，次のように表す．

$$F(s) = \mathcal{L}[f(t)]$$

このとき，$f(t)$ を**原関数**，$F(s)$ を**像関数**という．

1.2 ラプラス変換の線形性　$t \geqq 0$ で定義された 2 つの関数 $f(t)$, $g(t)$ と定数 a, b に対して，次が成り立つ．

$$\mathcal{L}[\,af(t) + bg(t)\,] = a\mathcal{L}[\,f(t)\,] + b\mathcal{L}[\,g(t)\,]$$

1.3 像関数の移動公式　$\mathcal{L}[f(t)] = F(s)$ とするとき，次が成り立つ．

$$\mathcal{L}\left[e^{at} f(t)\right] = F(s-a) \quad (s > a)$$

1.4 逆ラプラス変換　関数 $F(s)$ に対して，$F(s) = \mathcal{L}[\,f(t)\,]$ となる関数 $f(t)$ が存在するとき，$f(t)$ を $F(s)$ の**逆ラプラス変換**といい，次のように表す．

$$f(t) = \mathcal{L}^{-1}[\,F(s)\,]$$

1.5 原関数の微分公式　$\mathcal{L}[\,f(t)\,] = F(s)$ のとき，次が成り立つ（n は自然数）．

(1) $\mathcal{L}[f'(t)] = sF(s) - f(0)$

(2) $\mathcal{L}[f''(t)] = s^2F(s) - sf(0) - f'(0)$

(3) $\mathcal{L}[f^{(n)}(t)] = s^nF(s) - s^{n-1}f(0) - s^{n-2}f'(0) - \cdots - f^{(n-1)}(0)$

1.6 ラプラス変換対応表　a, ω は定数 $(\omega \neq 0)$，n は自然数であるとき，基本的な関数とそのラプラス変換の対応は，次のようになる．

$f(t)$	$F(s) = \mathcal{L}[f(t)]$	$e^{at}f(t)$	$F(s-a) = \mathcal{L}[e^{at}f(t)]$
1	$\dfrac{1}{s}$	e^{at}	$\dfrac{1}{s-a}$
t	$\dfrac{1}{s^2}$	te^{at}	$\dfrac{1}{(s-a)^2}$
t^n	$\dfrac{n!}{s^{n+1}}$	$t^n e^{at}$	$\dfrac{n!}{(s-a)^{n+1}}$
$\sin \omega t$	$\dfrac{\omega}{s^2+\omega^2}$	$e^{at}\sin \omega t$	$\dfrac{\omega}{(s-a)^2+\omega^2}$
$\cos \omega t$	$\dfrac{s}{s^2+\omega^2}$	$e^{at}\cos \omega t$	$\dfrac{s-a}{(s-a)^2+\omega^2}$
$\sinh \omega t$	$\dfrac{\omega}{s^2-\omega^2}$	$e^{at}\sinh \omega t$	$\dfrac{\omega}{(s-a)^2-\omega^2}$
$\cosh \omega t$	$\dfrac{s}{s^2-\omega^2}$	$e^{at}\cosh \omega t$	$\dfrac{s-a}{(s-a)^2-\omega^2}$

A

Q1.1　$s > 0$ のとき，自然数 n に対して $\displaystyle\lim_{t\to\infty} t^n e^{-st} = 0$ となることを用いて，$\mathcal{L}[\,t^n\,] = \dfrac{n}{s}\mathcal{L}\left[\,t^{n-1}\,\right]$ が成り立つことを示せ．

Q1.2　次の関数 $f(t)$ のラプラス変換 $\mathcal{L}[\,f(t)\,]$ を求めよ．

(1) $f(t) = -3$　　(2) $f(t) = -2t + 5$　　(3) $f(t) = (t-2)^3$

Q1.3　$\sinh t = \dfrac{e^t - e^{-t}}{2}$, $\cosh t = \dfrac{e^t + e^{-t}}{2}$ を用いて，次の関数 $f(t)$ のラプラス変換 $\mathcal{L}[\,f(t)\,]$ を求めよ．

(1) $f(t) = (\sinh t)^2$　　(2) $f(t) = (\cosh t)^3$

Q1.4　次の関数 $f(t)$ のラプラス変換 $\mathcal{L}[\,f(t)\,]$ を求めよ．

(1) $f(t) = te^{-2t}$　　(2) $f(t) = t^3 e^t$　　(3) $f(t) = (t^2 - 4)e^{3t}$

Q1.5　次の関数 $f(t)$ のラプラス変換 $\mathcal{L}[\,f(t)\,]$ を求めよ．

(1) $f(t) = e^{5t}\cos t$　　(2) $f(t) = e^{-t}\sin 2t$

(3) $f(t) = e^{2t}(\sin 3t + 2\cos 3t)$

Q1.6 次の逆ラプラス変換を求めよ.

(1) $\mathcal{L}^{-1}\left[\frac{1}{s}+\frac{1}{s^2}+\frac{1}{s^3}\right]$ (2) $\mathcal{L}^{-1}\left[\frac{1}{s^2-4}+\frac{1}{s^2+3}\right]$

(3) $\mathcal{L}^{-1}\left[\frac{1}{2s-1}\right]$ (4) $\mathcal{L}^{-1}\left[\frac{1}{(s+2)^3}\right]$

Q1.7 次の逆ラプラス変換を求めよ.

(1) $\mathcal{L}^{-1}\left[\frac{-s+7}{s^2+s-6}\right]$ (2) $\mathcal{L}^{-1}\left[\frac{s^2+2}{s(s-1)^2}\right]$ (3) $\mathcal{L}^{-1}\left[\frac{2s-3}{(s+1)(s^2+4)}\right]$

Q1.8 (　) 内の初期条件のもとで, 次の微分方程式を解け.

(1) $x'(t)-x(t)=e^{2t}\quad (x(0)=-2)$

(2) $x'(t)+2x(t)=6t-1\quad (x(0)=3)$

Q1.9 (　) 内の初期条件のもとで, 次の微分方程式を解け.

(1) $x''(t)+4x(t)=8e^{2t}\quad (x(0)=x'(0)=0)$

(2) $x''(t)-2x'(t)=2\quad (x(0)=0,\ x'(0)=3)$

B

Q1.10 次のラプラス変換を求めよ. → まとめ 1.2, 1.6

(1) $\mathcal{L}\left[\sin^2 t\right]$ (2) $\mathcal{L}\left[\cos^2 t\right]$ (3) $\mathcal{L}\left[\sin 3t\cos t\right]$

Q1.11 関数 $f(t)$ に対して $\mathcal{L}[f(t)]=F(s)$ とすると, 自然数 n に対して, **像関数の微分公式**

$$\mathcal{L}[t^n f(t)]=(-1)^n\frac{d^n}{ds^n}F(s)$$

が成り立つ. これを用いて, 次のラプラス変換を求めよ. → まとめ 1.6

(1) $\mathcal{L}[t\cos\omega t]$ (2) $\mathcal{L}\left[te^{-2t}\sin t\right]$ (3) $\mathcal{L}\left[t^2\sin\omega t\right]$ (4) $\mathcal{L}\left[t^2\cosh\omega t\right]$

Q1.12 次の関数の逆ラプラス変換を求めよ. → まとめ 1.6, Q1.7

(1) $\frac{1}{s^2+2s+5}$ (2) $\frac{s+1}{s^2-4s+13}$ (3) $\frac{1}{s^3-s^2-2s}$

(4) $\frac{1}{s^3-1}$ (5) $\frac{1}{s^3-3s+2}$ (6) $\frac{2}{s^4-1}$

Q1.13 関数 $f(t)$ に対して, $\mathcal{L}[f(t)]=F(s)$ とすると, **原関数の積分公式**

$$\mathcal{L}\left[\int_0^t f(\tau)\,d\tau\right]=\frac{1}{s}F(s)$$

が成り立つ．これを用いて，次の逆ラプラス変換を求めよ．　→ まとめ 1.6

(1) $\mathcal{L}^{-1}\left[\dfrac{1}{s(s^2-4)}\right]$　　(2) $\mathcal{L}^{-1}\left[\dfrac{1}{s(s-3)^2}\right]$

例題 1.1

$f(t) = t\sinh\omega t$ に対して，次の問いに答えよ．

(1) $f''(t) = 2\omega\cosh\omega t + \omega^2 f(t)$ となることを示せ．

(2) 原関数の微分公式を使って，$\mathcal{L}[f''(t)] = s^2\mathcal{L}[f(t)]$ となることを示せ．

(3) (1), (2) の結果を使って，$\mathcal{L}[t\sinh(t)]$ を求めよ．

解 (1) $f'(t) = \sinh\omega t + \omega t\cosh\omega t$ であるから，$f''(t) = \omega\cosh\omega t + \omega\cosh\omega t + \omega^2 t\sinh\omega t = 2\omega\cosh\omega t + \omega^2 f(t)$ となる．

(2) 原関数の微分公式より，$\mathcal{L}[f''(t)] = s^2\mathcal{L}[f(t)] - sf(0) - f'(0)$ となり，$f(0) = 0$, $f'(0) = 0$ であるから，$\mathcal{L}[f''(t)] = s^2\mathcal{L}[f(t)]$ となる．

(3) $f''(t) = 2\omega\cosh\omega t + \omega^2 f(t)$ の両辺をラプラス変換すると，$s^2\mathcal{L}[f(t)] = 2\omega\cdot\dfrac{s}{s^2-\omega^2} + \omega^2\mathcal{L}[f(t)]$ となる．これを $\mathcal{L}[f(t)]$ について解けば，$\mathcal{L}[f(t)] = \mathcal{L}[t\sinh(t)] = \dfrac{2\omega s}{(s^2-\omega^2)^2}$ である．

Q1.14　$f(t) = t\cos 5t$ に対して，次の問いに答えよ．

(1) $f''(t) = -10\sin 5t - 25f(t)$ となることを示せ．

(2) $\mathcal{L}[f''(t)] = s^2\mathcal{L}[f(t)] - 1$ となることを示せ．

(3) (1), (2) の結果を使って，$\mathcal{L}[f(t)]$ を求めよ．

Q1.15　$f(t) = \sin t\sinh t$ に対して，次の問いに答えよ．

(1) $f^{(4)}(t) = -4f(t)$ となることを示せ．

(2) $\mathcal{L}\left[f^{(4)}(t)\right] = s^4\mathcal{L}[f(t)] - 2s$ となることを示せ．

(3) (1), (2) の結果を使って，$\mathcal{L}[f(t)]$ を求めよ．

Q1.16　微分方程式 $x''' - 3x'' + 3x' - x = te^t$ の初期条件 $x(0) = 1$, $x'(0) = x''(0) = 0$ のもとでの解を求めよ．　→ まとめ 1.5, 1.6, Q1.9

例題 1.2

$s>0$ に対して，$\Gamma(s)=\displaystyle\int_0^\infty e^{-t}t^{s-1}\,dt$ で定義される関数 $\Gamma(s)$ を**ガンマ関数**という．次の問いに答えよ．

(1) n を自然数とするとき，次が成り立つことを示せ．

(i) $\Gamma(1)=1$　　(ii) $\Gamma(s+1)=s\Gamma(s)$　　(iii) $\Gamma(n+1)=n!$

(2) $\displaystyle\int_0^\infty e^{-x^2}\,dx=\frac{\sqrt{\pi}}{2}$ であることを用いて，$\Gamma\left(\dfrac{1}{2}\right)$ の値を求めよ．

解 (1) (i) $\Gamma(1)=\displaystyle\int_0^\infty e^{-t}\,dt=1$

(ii) $\Gamma(s+1)=\displaystyle\int_0^\infty e^{-t}t^s\,dt=\left[-\frac{t^s}{e^t}\right]_0^\infty+\int_0^\infty se^{-t}t^{s-1}\,dt=s\Gamma(s)$

(iii) $\Gamma(n+1)=n\Gamma(n)=n(n-1)\Gamma(n-1)=\cdots=n!\Gamma(1)=n!$

(2) ガンマ関数の定義から，$\Gamma\left(\dfrac{1}{2}\right)=\displaystyle\int_0^\infty \frac{1}{\sqrt{t}}e^{-t}\,dt$ である．ここで，$x=\sqrt{t}$ とおくと $dx=\dfrac{1}{2\sqrt{t}}\,dt$ であり，$t=0$ のとき $x=0,\ t\to\infty$ のとき $x\to\infty$ であるから，$\Gamma\left(\dfrac{1}{2}\right)=\displaystyle\int_0^\infty e^{-t}\cdot\frac{1}{\sqrt{t}}\,dt=2\int_0^\infty e^{-x^2}\,dx=\sqrt{\pi}$ が得られる．

Q1.17 ガンマ関数 $\Gamma(s)$ に対して，$\Gamma\left(\dfrac{1}{2}\right)=\sqrt{\pi}$ であることを用いて，次の値を求めよ．

(1) $\Gamma\left(\dfrac{3}{2}\right)$　　(2) $\Gamma\left(\dfrac{5}{2}\right)$

Q1.18 $\Gamma(s)$ をガンマ関数とするとき，実数 $a>-1$ に対して，

$$\mathcal{L}[\,t^a\,]=\frac{\Gamma(a+1)}{s^{a+1}}$$

となることを示せ．また，これを用いて，次のラプラス変換を求めよ．

(1) $\mathcal{L}[\,\sqrt{t}\,]$　　(2) $\mathcal{L}\left[\dfrac{1}{\sqrt{t}}\right]$

2　デルタ関数と線形システム

まとめ

2.1　単位ステップ関数のラプラス変換　定数 $a \geqq 0$ に対して，関数

$$U(t-a) = \begin{cases} 0 & (t < a) \\ 1 & (t \geqq a) \end{cases}$$

を単位ステップ関数という．$F(s) = \mathcal{L}[f(t)]$ とするとき，次が成り立つ．

(1) $\mathcal{L}[U(t-a)] = \dfrac{e^{-as}}{s}$,　　とくに $\mathcal{L}[U(t)] = \dfrac{1}{s}$

$\mathcal{L}^{-1}\left[\dfrac{e^{-as}}{s}\right] = U(t-a)$,　　とくに $\mathcal{L}^{-1}\left[\dfrac{1}{s}\right] = U(t)$

(2) $\mathcal{L}[U(t-a)f(t-a)] = e^{-as}F(s)$,

$\mathcal{L}^{-1}\left[e^{-as}F(s)\right] = U(t-a)f(t-a)$

2.2　デルタ関数　任意の定数 $a \geqq 0$ に対して，次の性質をもつ関数 $\delta(t)$ をデルタ関数という．

(1) $t \neq a$ ならば $\delta(t-a) = 0$

(2) $\displaystyle\int_0^\infty \delta(t-a)\,dt = 1$

(3) $t \geqq 0$ で定義された任意の連続関数 $f(t)$ に対して，

$$\int_0^\infty f(t)\,\delta(t-a)\,dt = f(a)$$

2.3　デルタ関数のラプラス変換　デルタ関数のラプラス変換について，

$$\mathcal{L}[\delta(t-a)] = e^{-as}$$

が成り立つ．とくに，$\mathcal{L}[\delta(t)] = 1$ である．

2.4　合成積　$t \geqq 0$ で定義された 2 つの関数 $f(t)$, $g(t)$ に対して，

$$f(t) * g(t) = \int_0^t f(\tau)g(t-\tau)\,d\tau$$

と定義し，これを $f(t)$, $g(t)$ の合成積またはたたみ込みという．

2.5 合成積とラプラス変換　関数 $f(t)$, $g(t)$ の合成積について，

$$f(t)*g(t)=g(t)*f(t)$$

であり，$\mathcal{L}[\,f(t)\,]=F(s)$, $\mathcal{L}[\,g(t)\,]=G(s)$ とするとき，次が成り立つ．

$$\mathcal{L}[f(t)*g(t)]=F(s)G(s),\quad \mathcal{L}^{-1}[\,F(s)G(s)\,]=f(t)*g(t)$$

2.6 単位ステップ関数，デルタ関数と合成積　実数全体で定義された関数 $f(t)$（ただし，$t<0$ のとき $f(t)=0$）と定数 $a \geqq 0$ について，次が成り立つ．

(1) $f(t)*U(t)=\displaystyle\int_0^t f(\tau)\,d\tau$

(2) $\delta(t-a)*f(t)=U(t-a)f(t-a)$　とくに　$f(t)*\delta(t)=f(t)$

2.7 線形システム　定数係数 2 階線形微分方程式

$$x''(t)+ax'(t)+bx(t)=r(t)\quad (x(0)=0,\ x'(0)=0)$$

を関数 $r(t)$ に解 $x(t)$ を対応させる仕組みと考えたとき，これを**線形システム**という．$r(t)$ を**入力**，$x(t)$ を**応答**といい，$F(s)=\dfrac{1}{s^2+as+b}$ をこの線形システムの**伝達関数**という．$r(t)=\delta(t)$ としたときの応答 $f(t)$ を**インパルス応答**，$r(t)=U(t)$ としたときの応答 $g(t)$ を**単位ステップ応答**という．このとき，次が成り立つ．

$$f(t)=\mathcal{L}^{-1}[\,F(s)\,]=\mathcal{L}^{-1}\left[\frac{1}{s^2+as+b}\right],\quad g(t)=f(t)*U(t)=\int_0^t f(\tau)\,d\tau$$

入力 $r(t)$ に対する応答は，$x(t)=f(t)*r(t)$ となる．

A

Q2.1　次のラプラス変換，逆ラプラス変換を求めよ．

(1) $\mathcal{L}[\,U(t-3)\,]$　(2) $\mathcal{L}[\,U(t-5)\cdot(t-5)\,]$　(3) $\mathcal{L}\left[\,U(t-1)\cdot(t-1)^2\,\right]$

(4) $\mathcal{L}^{-1}\left[\dfrac{e^{-s}}{s}\right]$　(5) $\mathcal{L}^{-1}\left[e^{-2s}\cdot\dfrac{1}{s+5}\right]$　(6) $\mathcal{L}^{-1}\left[e^{-3s}\cdot\dfrac{1}{s^2}\right]$

Q2.2　次の積分を求めよ．

(1) $\displaystyle\int_0^\infty (t^2-5t)\delta(t-2)\,dt$　(2) $\displaystyle\int_0^\infty \left(e^{-2t}\cos t\right)\delta(t-\pi)\,dt$

Q2.3　次の合成積を求めよ．

(1) t^2*t　(2) $t*\sin t$

Q2.4 次の逆ラプラス変換を求めよ．

(1) $\mathcal{L}^{-1}\left[\dfrac{1}{s(s+3)}\right]$　　(2) $\mathcal{L}^{-1}\left[\dfrac{2}{s^2(s^2+4)}\right]$

Q2.5 次の合成積を求めよ．

(1) $e^{2t} * U(t)$　　(2) $\delta(t-1) * t^3$

Q2.6 線形システム

$$x''(t) - x(t) = r(t) \quad (x(0) = 0,\ x'(0) = 0)$$

の伝達関数 $F(s)$ およびインパルス応答 $f(t)$ を求めよ．さらに，次の入力 $r(t)$ に対する応答 $x(t)$ を求めよ．

(1) $r(t) = t$　　(2) $r(t) = e^t$

Q2.7 線形システム

$$x''(t) - 4x'(t) - 5x(t) = r(t) \quad (x(0) = 0,\ x'(0) = 0)$$

のインパルス応答 $f(t)$ および単位ステップ応答 $g(t)$ を求めよ．

B

Q2.8 (　) 内の初期条件が与えられた次の 2 階微分方程式を解け． → **まとめ** 2.1, 2.3

(1) $x''(t) - x(t) = \delta(t-1) \quad (x(0) = 0,\ x'(0) = 2)$

(2) $x''(t) - x(t) = U(t-1)(t-1) \quad (x(0) = 0,\ x'(0) = 2)$

例題 2.1

関数 $f(t) = \begin{cases} 1-t & (0 \leqq t < 1) \\ 0 & (t < 0,\ 1 \leqq t) \end{cases}$ について，次の問いに答えよ．

(1) $f(t) = (1-t)U(t) + (t-1)U(t-1)$ となることを示せ．

(2) $\mathcal{L}[\,f(t)]$ を求めよ．

解 (1) $t < 0$ のとき $(1-t)U(t) + (t-1)U(t-1) = 0$,

$0 \leqq t < 1$ のとき $(1-t)U(t) + (t-1)U(t-1) = 1 - t + 0 = 1 - t$,

$1 \leqq t$ のとき $(1-t)U(t) + (t-1)U(t-1) = 1 - t + (t-1) = 0$

となるので，等式が成り立つ．

(2) $\mathcal{L}[\,f(t)] = \mathcal{L}[1-t] + e^{-s} \cdot \mathcal{L}[t] = \dfrac{1}{s} - \dfrac{1}{s^2} + \dfrac{e^{-s}}{s^2}$

Q2.9 グラフが下の図のようになる関数 $f(t)$ を単位ステップ関数を使って表し，そのラプラス変換を求めよ．ただし，$k>0$ とする． → **まとめ 2.1**

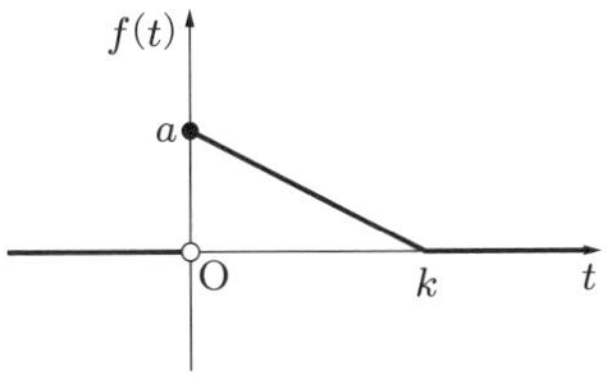

Q2.10 微分方程式 $x''(t)-x'(t)-6x(t)=U(t-1)-U(t-2)$ の初期条件 $x(0)=0,\ x'(0)=0$ のもとでの解を求めよ． → **まとめ 2.1**

Q2.11 $0 \leqq t < T$ で定義された関数 $\phi(t)$ を，$f(t+nT)=\phi(t)$ $(0 \leqq t < T,\ n=0,1,2,\ldots)$ により，$t \geqq 0$ で T ごとに同じ値をとる関数 $f(t)$ に拡張する．このとき，次の問いに答えよ． → **まとめ 2.1, 2.3**

(1) $f(t)-U(t-T)f(t-T)=\phi(t)$ となることを使って，$f(t)$ のラプラス変換を $\mathcal{L}[\,\phi(t)\,]$ を用いて表せ．

(2) $\phi(t)=\delta(t)$ のとき，$f(t)$ のラプラス変換を求めよ．

(3) $T=1,\ \phi(t)=t$ のとき，$f(t)$ のラプラス変換を求めよ．

(4) $T=\pi,\ \phi(t)=\sin t$ のとき，$f(t)$ のラプラス変換を求めよ．

Q2.12 合成積を使って，次の逆ラプラス変換を求めよ． → **まとめ 2.4, 2.5, Q2.4**

(1) $\mathcal{L}^{-1}\left[\dfrac{1}{(s^2+4)^2}\right]$　　(2) $\mathcal{L}^{-1}\left[\dfrac{s}{(s^2+1)(s^2+4)}\right]$

(3) $\mathcal{L}^{-1}\left[\dfrac{s^2}{(s^2+1)(s^2+9)}\right]$

Q2.13 初期条件 $x(0)=2,\ x'(0)=0$ のもとで微分方程式 $x''(t)+x(t)=\sin t$ の解を求めよ． → **まとめ 2.4, 2.5**

例題 2.2

未知の関数を積分記号の中に含む方程式を**積分方程式**という．次の積分方程式を解け．

$$x(t)+\int_0^t x(t-\tau)\,d\tau=e^t$$

解　与えられた積分方程式は，合成積を用いて

$$x(t) + x(t) * 1 = e^t$$

と表すことができる．この式の両辺をラプラス変換し，$X(s) = \mathcal{L}[\,x(t)\,]$ について解くと，

$$X(s) + X(s) \cdot \frac{1}{s} = \frac{1}{s-1} \quad \text{よって} \quad X(s) = \frac{s}{s^2-1}$$

となる．したがって，これを逆ラプラス変換すれば，次が得られる．

$$x(t) = \mathcal{L}^{-1}\left[\frac{s}{s^2-1}\right] = \cosh t$$

Q2.14　積分方程式 $x(t) - \displaystyle\int_0^t x(\tau)\sin(t-\tau)\,d\tau = t$ を解け．

C

Q1　(1) $\mathcal{L}[\,x(t)\,] = X(s)$ とするとき，ラプラス変換 $\mathcal{L}[\,tx'(t)\,]$, $\mathcal{L}[\,tx''(t)\,]$ を求めよ．

(2) (1) の結果を用いて，微分方程式 $tx''(t) + (2t-1)x'(t) - 2x(t) = 0$ の解のうち，$x(0) = a$ を満たすものを求めよ．　（類題：大阪府立大学）

〈point〉 Q1　(1) 原関数の微分公式（まとめ 1.5）と像関数の微分公式（Q1.11）から導く．
(2) (1) の結果をあてはめ，$X(s)$ の満たす 1 階線形微分方程式を解く．

Chapter

4 フーリエ級数とフーリエ変換

1 フーリエ級数

まとめ

1.1 周期関数 関数 $f(x)$ がすべての実数 x に対して，$f(x+T)=f(x)$（T は正の定数）を満たすとき，$f(x)$ を**周期関数**といい，この式を満たす最小の正の数 T を $f(x)$ の**周期**という．周期の逆数 $\dfrac{1}{T}$ を $f(x)$ の**周波数**という．

1.2 周期 T の関数のフーリエ級数 周期 T の周期関数 $f(x)$ に対して，

$$a_0=\frac{1}{T}\int_{-\frac{T}{2}}^{\frac{T}{2}} f(x)\,dx$$

$$a_n=\frac{2}{T}\int_{-\frac{T}{2}}^{\frac{T}{2}} f(x)\cos\frac{2n\pi x}{T}\,dx \quad (n=1,2,\dots)$$

$$b_n=\frac{2}{T}\int_{-\frac{T}{2}}^{\frac{T}{2}} f(x)\sin\frac{2n\pi x}{T}\,dx \quad (n=1,2,\dots)$$

を $f(x)$ の**フーリエ係数**といい，$a_0,\,a_n,\,b_n$ を係数とする級数

$$a_0+\sum_{n=1}^{\infty}\left(a_n\cos\frac{2n\pi x}{T}+b_n\sin\frac{2n\pi x}{T}\right)$$

を $f(x)$ の**フーリエ級数**という．$f(x)$ とそのフーリエ級数の関係を次のように表す．

$$f(x)\sim a_0+\sum_{n=1}^{\infty}\left(a_n\cos\frac{2n\pi x}{T}+b_n\sin\frac{2n\pi x}{T}\right)$$

1.3 フーリエ級数の収束定理 関数 $f(x)$ が区分的に滑らかな周期 T の周期関数であるとき，$f(x)$ のフーリエ級数は収束して，次が成り立つ．

$$a_0+\sum_{n=1}^{\infty}\left(a_n\cos\frac{2n\pi x}{T}+b_n\sin\frac{2n\pi x}{T}\right)=\frac{1}{2}\{f(x-0)+f(x+0)\}$$

ここで，$f(x-0)=\displaystyle\lim_{t\to x-0}f(t)$, $f(x+0)=\displaystyle\lim_{t\to x+0}f(t)$ である．

1.4 フーリエ余弦級数　$f(x)$ を $[0, L]$ で定義された関数とするとき，$f(x)$ は

$$f(x) \sim a_0 + \sum_{n=1}^{\infty} a_n \cos \frac{n\pi x}{L} \quad (0 \leqq x \leqq L)$$

$$a_0 = \frac{1}{L}\int_0^L f(x)\,dx, \quad a_n = \frac{2}{L}\int_0^L f(x)\cos\frac{n\pi x}{L}\,dx \quad (n = 1, 2, \ldots)$$

と表すことができる．これを $f(x)$ の**フーリエ余弦級数**といい，a_n $(n = 0, 1, 2, \ldots)$ を**フーリエ余弦係数**という．

1.5 フーリエ正弦級数　$f(x)$ を $[0, L]$ で定義された関数とするとき，$f(x)$ は

$$f(x) \sim \sum_{n=1}^{\infty} b_n \sin \frac{n\pi x}{L} \quad (0 \leqq x \leqq L)$$

$$b_n = \frac{2}{L}\int_0^L f(x)\sin\frac{n\pi x}{L}\,dx \quad (n = 1, 2, \ldots)$$

と表すことができる．これを $f(x)$ の**フーリエ正弦級数**といい，b_n $(n = 1, 2, \ldots)$ を**フーリエ正弦係数**という．

A

Q1.1　次の三角関数の周期と周波数を求めよ．

(1) $\cos 3\pi x$　　(2) $\sin \dfrac{\pi x}{5}$　　(3) $\cos \dfrac{x}{3}$　　(4) $5 \sin 2x$

Q1.2　下図の中に，関数 $y = \cos x + \dfrac{1}{2}\sin 3x$ のグラフをかけ．

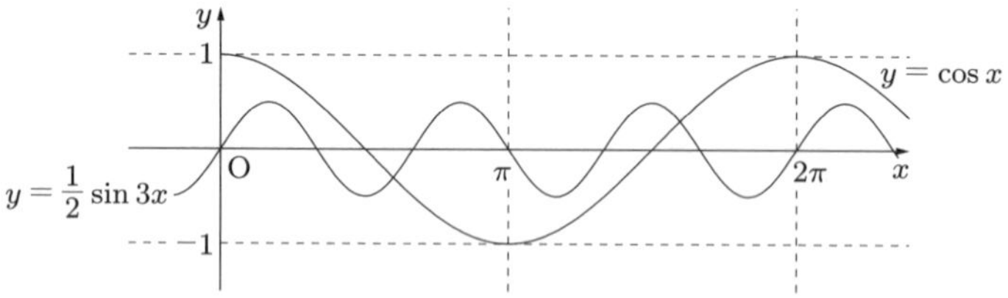

Q1.3　次の周期関数 $f(x)$ のグラフを図示し，そのフーリエ級数を求めよ．

(1) $f(x) = \begin{cases} 0 & (-3 \leqq x < -1) \\ 1 & (-1 \leqq x < 1) \end{cases}, \quad f(x+4) = f(x)$

(2) $f(x) = x \ (-\pi \leqq x < \pi), \quad f(x + 2\pi) = f(x)$

Q1.4　等式 $1-\dfrac{1}{3}+\dfrac{1}{5}-\dfrac{1}{7}+\cdots=\dfrac{\pi}{4}$ が成り立つことを，次のそれぞれの方法で示せ．

(1) **Q1.3**(1) の結果を利用する．　(2) **Q1.3**(2) の結果を利用する．

Q1.5　(1) 関数 $f(x)=\pi-x\ (0 \leqq x \leqq \pi)$ のフーリエ余弦級数を求めよ．

(2) 関数 $f(x)=\begin{cases} 2x & \left(0 \leqq x \leqq \dfrac{1}{2}\right) \\ 2-2x & \left(\dfrac{1}{2} < x \leqq 1\right) \end{cases}$ のフーリエ正弦級数を求めよ．

Q1.6　偏微分方程式

$$\frac{\partial u}{\partial t}=\frac{\partial^2 u}{\partial x^2} \quad (0<x<1,\ t>0)$$

の解 $u(x,t)$ で，次の条件を満たすものを求めよ．

初期条件：$u(x,0)=\begin{cases} 2x & \left(0 \leqq x \leqq \dfrac{1}{2}\right) \\ 2-2x & \left(\dfrac{1}{2} < x \leqq 1\right) \end{cases}$

境界条件：$u(0,t)=u(1,t)=0 \quad (t \geqq 0)$

B

Q1.7　次の関数を図示し，フーリエ級数を求めよ．　→ **まとめ** 1.2, Q1.3

$$f(x)=\begin{cases} 0 & (-\pi \leqq x < 0) \\ \sin x & (0 \leqq x < \pi) \end{cases}, \quad f(x+2\pi)=f(x)$$

Q1.8　$\omega \neq 0$ を定数とする．周期 $\dfrac{\pi}{\omega}$ の周期関数 $f(x)=|\sin \omega x|$ のグラフを図示し，フーリエ級数を求めよ．　→ **まとめ** 1.2, Q1.3

Q1.9　(1) 次の関数のフーリエ級数を求めよ．

$$f(x)=\begin{cases} 0 & (-1 \leqq x < 0) \\ 1-x & (0 \leqq x < 1) \end{cases}, \quad f(x+2)=f(x)$$

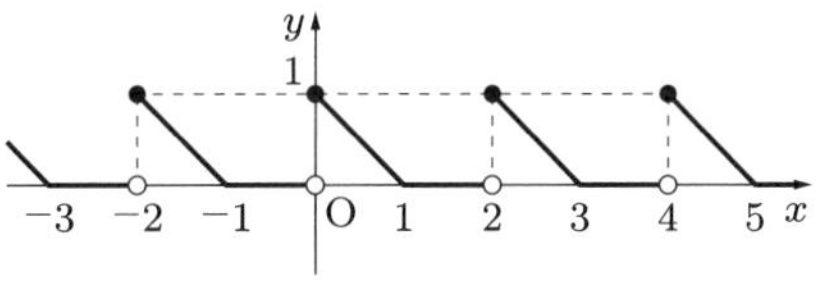

(2) (1) の結果から，級数 $\dfrac{1}{1^2}+\dfrac{1}{3^2}+\dfrac{1}{5^2}+\cdots$ の値を求めよ．

→ まとめ 1.2, 1.3, Q1.3, Q1.4

Q1.10 (1) 次の関数のフーリエ級数を求めよ．

$$f(x)=x^2 \quad (-1 \leqq x < 1), \quad f(x+2)=f(x)$$

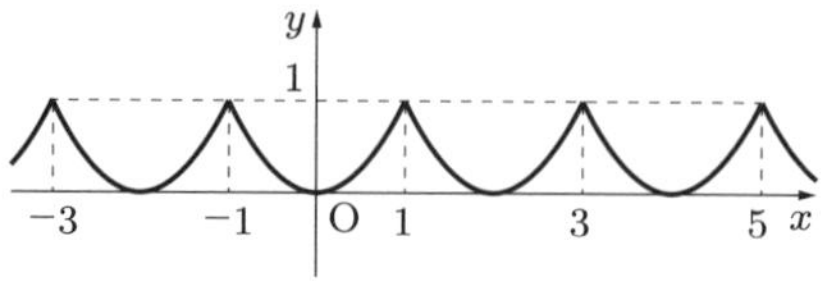

(2) (1) の結果から，級数 $\dfrac{1}{1^2}-\dfrac{1}{2^2}+\dfrac{1}{3^2}-\dfrac{1}{4^2}+\cdots$ の値を求めよ．

→ まとめ 1.2, 1.3, Q1.3, Q1.4

例題 1.1

区間 $\left[-\dfrac{T}{2}, \dfrac{T}{2}\right)$ $(T>0)$ で定義された連続関数 $f(x)$ を，$f(x+nT)=f(x)$ (n は整数)によって周期 T の関数に拡張したときのフーリエ係数を $a_0, a_1, a_2, \ldots,$ $b_1, b_2, \ldots$ とする．このとき，

$$\frac{1}{T}\int_{-\frac{T}{2}}^{\frac{T}{2}} \{f(x)\}^2\,dx = a_0^2+\frac{1}{2}\sum_{n=1}^{\infty}(a_n^2+b_n^2)$$

が成り立つことを示せ．ただし，無限級数は項別積分可能であるとしてよい．

この式を**パーセバルの等式**という．

解 $\left(-\dfrac{T}{2}, \dfrac{T}{2}\right)$ で

$$f(x)=a_0+\sum_{n=1}^{\infty}\left(a_n\cos\frac{2n\pi x}{T}+b_n\sin\frac{2n\pi x}{T}\right)$$

が成り立つ．両辺に $f(x)$ をかけて，$-\dfrac{T}{2}$ から $\dfrac{T}{2}$ まで積分すると，$a_0=\dfrac{1}{T}\displaystyle\int_{-\frac{T}{2}}^{\frac{T}{2}} f(x)\,dx,$ $a_n=\dfrac{2}{T}\displaystyle\int_{-\frac{T}{2}}^{\frac{T}{2}} f(x)\cos\frac{2n\pi x}{T}\,dx,$ $b_n=\dfrac{2}{T}\displaystyle\int_{-\frac{T}{2}}^{\frac{T}{2}} f(x)\sin\frac{2n\pi x}{T}\,dx$ であるので，

$$\int_{-\frac{T}{2}}^{\frac{T}{2}} \{f(x)\}^2\,dx = \int_{-\frac{T}{2}}^{\frac{T}{2}} \left\{a_0 f(x)+\sum_{n=1}^{\infty}\left(a_n f(x)\cos\frac{2n\pi x}{T}+b_n f(x)\sin\frac{2n\pi x}{T}\right)\right\}dx$$

$$= a_0 \int_{-\frac{T}{2}}^{\frac{T}{2}} f(x)\,dx + \sum_{n=1}^{\infty} \left\{ a_n \int_{-\frac{T}{2}}^{\frac{T}{2}} f(x) \cos \frac{2n\pi x}{T}\,dx \right.$$

$$\left. + b_n \int_{-\frac{T}{2}}^{\frac{T}{2}} f(x) \sin \frac{2n\pi x}{T}\,dx \right\} = Ta_0^2 + \frac{T}{2} \sum_{n=1}^{\infty} (a_n^2 + b_n^2)$$

したがって，等式が成り立つ．

Q1.11 関数 $f(x) = x\ (-1 \leqq x < 1)$, $f(x+2) = f(x)$ のフーリエ係数に，パーセバルの等式を用いて，次の式が成り立つことを示せ．

$$\frac{1}{1^2} + \frac{1}{2^2} + \frac{1}{3^2} + \cdots = \frac{\pi^2}{6}$$

例題 1.2

偏微分方程式

$$\frac{\partial^2 u}{\partial t^2} = \frac{\partial^2 u}{\partial x^2} \quad (0 < x < 1,\ t > 0)$$

の解 $u(x,t)$ で，次の条件を満たすものを求めよ．

初期条件：$u(x,0) = 2\sin \pi x - 5 \sin 3\pi x$, $\dfrac{\partial}{\partial t} u(x,0) = 0 \quad (0 \leqq x \leqq 1)$

境界条件：$u(0,t) = u(1,t) = 0 \quad (t \geqq 0)$

解 $u(x,t) = X(x)T(t)$ とおく．偏微分方程式から，$X(x)T''(t) = X''(x)T(t)$ となるので，$\dfrac{X''(x)}{X(x)} = \dfrac{T''(t)}{T(t)} = \lambda$（定数）となる．したがって，$X(x)$, $T(t)$ はそれぞれ微分方程式 $X''(x) = \lambda X(x)$, $T''(t) = \lambda T(t)$ の解となる．初期条件より，$T(t) \neq 0$, $X(x) \neq 0$ である．

(i) $\lambda > 0$ のとき，$X(x) = Ae^{\sqrt{\lambda}x} + Be^{-\sqrt{\lambda}x}$ である．このとき，境界条件 $u(0,t) = 0$ から $(A+B)T(t) = 0$ であるので，$A + B = 0$ となり，境界条件 $u(1,t) = 0$ から $(Ae^{\sqrt{\lambda}} + Be^{-\sqrt{\lambda}})T(t) = 0$ であるので，$Ae^{\sqrt{\lambda}} + Be^{-\sqrt{\lambda}} = 0$ となる．したがって，$A = B = 0$ となり，$X(x) = 0$ となって，初期条件に反するので，この場合は起こらない．

(ii) $\lambda = 0$ のとき，$X(x) = Ax + B$ である．このとき境界条件から，$BT(t) = 0$, $(A+B)T(t) = 0$ となるので，$A = B = 0$ であるから $X(x) = 0$ となる．したがって，この場合も起こらない．

(iii) $\lambda < 0$ のとき，$X(x) = A\sin\sqrt{-\lambda}\,x + B\cos\sqrt{-\lambda}\,x$ である．境界条件から，$B = 0$, $A \sin\sqrt{-\lambda} = 0$ となる．$A = 0$ であれば $X(x) = 0$ となるので，$A \neq 0$ となる．よって，$\sin\sqrt{-\lambda} = 0$ が成り立つ．したがって，$\sqrt{-\lambda} = n\pi$（n は整数）となる．このと

き，$T(t)$ も微分方程式 $T''(t)=\lambda T(t)$ を満たすので，$T(t)=C\sin n\pi t+D\cos n\pi t$ となる．

これより，$u_n(x,t)=\sin n\pi x\,(C_n\sin n\pi t+D_n\cos n\pi t)$ とすると，$u_n(x,t)$ は境界条件を満たす偏微分方程式の解となる．このとき，$u=\displaystyle\sum_{n=1}^{\infty}u_n$ が初期条件を満たすように C_n, D_n の値を定める．

$u(x,0)=\displaystyle\sum_{n=1}^{\infty}D_n\sin n\pi x=2\sin\pi x-5\sin 3\pi x$ より，

$$D_1=2,\quad D_2=0,\quad D_3=-5,\quad D_4=D_5=\cdots=0$$

となる．一方，$\dfrac{\partial}{\partial t}u(x,t)=\displaystyle\sum_{n=1}^{\infty}\sin n\pi x\,(n\pi C_n\cos n\pi t-n\pi D_n\sin n\pi t)$ であるから，

$\dfrac{\partial}{\partial t}u(x,0)=\displaystyle\sum_{n=1}^{\infty}n\pi C_n\sin n\pi x=0$ より，

$$C_n=0\quad(n=1,2,\ldots)$$

である．

以上により，求める解は，$u(x,t)=2\sin\pi x\cos\pi t-5\sin 3\pi x\cos 3\pi t$ となる．

[note]　$\dfrac{\partial^2 u}{\partial t^2}=c^2\dfrac{\partial^2 u}{\partial x^2}$ $(c>0)$ の形の偏微分方程式を**波動方程式**という．

Q1.12　偏微分方程式

$$\frac{\partial^2 u}{\partial t^2}=\frac{\partial^2 u}{\partial x^2}\quad(0<x<1,\ t>0)$$

の解で，次の条件を満たすものを求めよ．

初期条件：$u(x,0)=\begin{cases}x & \left(0\leqq x\leqq\dfrac{1}{2}\right)\\ 1-x & \left(\dfrac{1}{2}<x\leqq 1\right)\end{cases}$，　$\dfrac{\partial}{\partial t}u(x,0)=0$

境界条件：$u(0,t)=u(1,t)=0\quad(t\geqq 0)$

ただし，$u(x,0)$ のフーリエ正弦級数は $\displaystyle\sum_{n=1}^{\infty}\frac{4(-1)^{n+1}}{(2n-1)^2\pi^2}\sin(2n-1)\pi x$ である．

2 フーリエ変換

まとめ

2.1 周期 T の関数の複素フーリエ級数 周期 T の周期関数 $f(x)$ の複素フーリエ係数を,

$$c_n = \frac{1}{T}\int_{-\frac{T}{2}}^{\frac{T}{2}} f(x)e^{-i\frac{2n\pi}{T}x}\,dx \quad (n = 0, \pm 1, \pm 2, \dots)$$

と定める. このとき, $f(x)$ のフーリエ級数は,

$$f(x) \sim \sum_{n=-\infty}^{\infty} c_n e^{i\frac{2n\pi}{T}x}$$

となる. この式の右辺を $f(x)$ の**複素フーリエ級数**という.

2.2 シンク関数

$$\operatorname{sinc} x = \begin{cases} \dfrac{\sin x}{x} & (x \neq 0) \\ 1 & (x = 0) \end{cases}$$

で定義される連続関数を**シンク関数**という.

2.3 フーリエ変換 区分的に滑らかで広義積分 $\displaystyle\int_{-\infty}^{\infty} |f(x)|\,dx$ が存在する関数 $f(x)$ に対して,

$$F(\omega) = \int_{-\infty}^{\infty} f(x)e^{-i\omega x}\,dx$$

を $f(x)$ の**フーリエ変換**という. $F(\omega)$ を $\mathcal{F}[f(x)]$ と表す.

2.4 逆フーリエ変換 関数 $f(x)$ のフーリエ変換 $F(\omega)$ に対して,

$$\frac{1}{2\pi}\int_{-\infty}^{\infty} F(\omega)e^{i\omega x}\,d\omega$$

を $F(\omega)$ の逆フーリエ変換といい, $\mathcal{F}^{-1}[F(\omega)]$ で表す.

2.5 フーリエ積分定理 $f(x)$ は実数全体で定義された区分的に滑らかな関数で, 広義積分 $\displaystyle\int_{-\infty}^{\infty} |f(x)|\,dx$ が存在するものとする. このとき,

$$\mathcal{F}^{-1}\left[\mathcal{F}[f(x)]\right] = \frac{1}{2}\left\{f(x-0) + f(x+0)\right\} \qquad \cdots\cdots ①$$

が成り立つ．$f(x)$ が連続ならば①の右辺は $f(x)$ に等しい．①は

$$F(\omega)=\int_{-\infty}^{\infty} f(x)e^{-i\omega x}\,dx, \quad f(x)\sim\frac{1}{2\pi}\int_{-\infty}^{\infty} F(\omega)e^{i\omega x}\,d\omega$$

と表し，これを**反転公式**という．

2.6 フーリエ余弦変換，フーリエ正弦変換　$f(x)$ が偶関数のとき，

$$C(\omega)=2\int_{0}^{\infty} f(x)\,\cos\omega x\,dx$$

を**フーリエ余弦変換**という．このとき，$\mathcal{F}[f(x)]=C(\omega)$ であり，反転公式は次のようになる．

$$f(x)\sim\frac{1}{\pi}\int_{0}^{\infty} C(\omega)\cos\omega x\,d\omega$$

また，$f(x)$ が奇関数のとき，

$$S(\omega)=2\int_{0}^{\infty} f(x)\,\sin\omega x\,dx$$

を**フーリエ正弦変換**という．このとき，$\mathcal{F}[f(x)]=-iS(\omega)$ であり，反転公式は次のようになる．

$$f(x)\sim\frac{1}{\pi}\int_{0}^{\infty} S(\omega)\sin\omega x\,d\omega$$

2.7 フーリエ変換の性質　$\mathcal{F}[f(x)]=F(\omega)$ とするとき，次が成り立つ．ただし，c は定数，a は 0 でない定数である．

(1) $\mathcal{F}[f(x-c)]=e^{-ic\omega}F(\omega)$

(2) $\mathcal{F}[e^{icx}f(x)]=F(\omega-c)$

(3) $\mathcal{F}[f(ax)]=\dfrac{1}{|a|}F\left(\dfrac{\omega}{a}\right)$

(4) $\mathcal{F}\left[f'(x)\right]=i\omega F(\omega)$

(5) $\mathcal{F}\left[\displaystyle\int_{-\infty}^{x} f(t)\,dt\right]=\dfrac{1}{i\omega}F(\omega)$

2.8 離散フーリエ変換　周期 T の周期関数 $f(x)$ に対し，区間 $[0,T]$ を N 等分した分割点 x_k $(k=0,1,2,\ldots,N-1)$ における値 $f_k=f(x_k)$ がわかっているとき，$(f_0,f_1,f_2,\ldots,f_{N-1})$ を $f(x)$ のデータという．整数 n に対して，

$$F_n = \frac{1}{N}\sum_{k=0}^{N-1} f_k \left(e^{-i\frac{2\pi}{N}}\right)^{kn} \qquad \cdots\cdots①$$

とおく．このとき，$(F_0, F_1, F_2, \ldots, F_{N-1})$ を，$f(x)$ の**離散フーリエ変換**または **DFT** という．$\alpha = e^{-i\frac{2\pi}{N}}$ としたとき，式①は次のように表すことができる．

$$\begin{pmatrix} F_0 \\ F_1 \\ F_2 \\ \vdots \\ F_{N-1} \end{pmatrix} = \frac{1}{N}\begin{pmatrix} 1 & 1 & 1 & \cdots & 1 \\ 1 & \alpha & \alpha^2 & \cdots & \alpha^{N-1} \\ 1 & \alpha^2 & \alpha^4 & \cdots & \alpha^{2(N-1)} \\ \vdots & \vdots & \vdots & \ddots & \vdots \\ 1 & \alpha^{N-1} & \alpha^{2(N-1)} & \cdots & \alpha^{(N-1)^2} \end{pmatrix}\begin{pmatrix} f_0 \\ f_1 \\ f_2 \\ \vdots \\ f_{N-1} \end{pmatrix}$$

2.9 逆離散フーリエ変換 データ $(f_0, f_1, f_2, \ldots, f_{N-1})$ と，離散フーリエ変換 $(F_0, F_1, F_2, \ldots, F_{N-1})$ に対して，次の関係式が成り立つ．これを**逆離散フーリエ変換**という．

$$f_k = \sum_{n=0}^{N-1} F_n \left(e^{i\frac{2\pi}{N}}\right)^{kn} \quad (k = 0, 1, \ldots, N-1) \qquad \cdots\cdots②$$

式②はまとめ 2.8 の α を用いて，次のように表すことができる．

$$\begin{pmatrix} f_0 \\ f_1 \\ f_2 \\ \vdots \\ f_{N-1} \end{pmatrix} = \begin{pmatrix} 1 & 1 & 1 & \cdots & 1 \\ 1 & \overline{\alpha} & \overline{\alpha}^2 & \cdots & \overline{\alpha}^{N-1} \\ 1 & \overline{\alpha}^2 & \overline{\alpha}^4 & \cdots & \overline{\alpha}^{2(N-1)} \\ \vdots & \vdots & \vdots & \ddots & \vdots \\ 1 & \overline{\alpha}^{N-1} & \overline{\alpha}^{2(N-1)} & \cdots & \overline{\alpha}^{(N-1)^2} \end{pmatrix}\begin{pmatrix} F_0 \\ F_1 \\ F_2 \\ \vdots \\ F_{N-1} \end{pmatrix}$$

2.10 離散フーリエ変換を用いた関数の構成 周期 T の関数 $f(x)$ の区間 $[0, T]$ を $N = 2m$ 等分した分割点 x_k $(k = 0, 1, \ldots, 2m-1)$ におけるデータを $(f_0, f_1, \ldots, f_{2m-1})$ とし，その離散フーリエ変換を $(F_0, F_1, \ldots, F_{2m-1})$ とする．このとき，複素関数

$$\widetilde{f}_C(x) = \sum_{n=0}^{m} F_n e^{i\frac{2n\pi}{T}x} + \sum_{n=m+1}^{2m-1} F_n e^{-i\frac{(2m-n)\pi}{T}x}$$

の実部 $\widetilde{f}(x)$ は，$\widetilde{f}(x_k) = f_k$ $(k = 0, 1, \ldots, 2m-1)$ を満たす周期 T の周期関数である．

A

Q2.1　次の関数の複素フーリエ級数を求めよ．

(1) $f(x) = x \quad (-1 \leqq x < 1), \quad f(x+2) = f(x)$

(2) $f(x) = e^x \quad (-\pi \leqq x < \pi), \quad f(x+2\pi) = f(x)$

Q2.2　$a > 0$ とするとき，次の関数のフーリエ変換 $F(\omega)$ を求めよ．

$$f(x) = \begin{cases} a - x & (0 \leqq x < a) \\ 0 & (x < 0,\ a \leqq x) \end{cases}$$

Q2.3　次の関数のフーリエ余弦変換 $C(\omega)$ を求めよ．

$$f(x) = \begin{cases} |x| & (-2 \leqq x \leqq 2) \\ 0 & (x < -2,\ 2 < x) \end{cases}$$

Q2.4　次の問いに答えよ．

(1) 偶関数 $f(x) = \begin{cases} 1 - \dfrac{|x|}{2} & (|x| \leqq 2) \\ 0 & (|x| > 2) \end{cases}$ のフーリエ余弦変換は，$C(\omega) = 2(\mathrm{sinc}\ \omega)^2$ であることを示せ．

(2) 偶関数の反転公式を利用して $\displaystyle\int_{-\infty}^{\infty} (\mathrm{sinc}\ \omega)^2\, d\omega$ を求めよ．

Q2.5　$f(x) = \begin{cases} 1 & (|x| \leqq 1) \\ 0 & (|x| > 1) \end{cases}$ のフーリエ変換は $F(\omega) = 2\,\mathrm{sinc}\ \omega$ であることを使って，次の関数のフーリエ変換を求めよ．

(1) $g(x) = \begin{cases} 3 & (|x-5| \leqq 1) \\ 0 & (|x-5| > 1) \end{cases}$　　(2) $h(x) = \begin{cases} 3 & (|x| \leqq 2) \\ 0 & (|x| > 2) \end{cases}$

(3) $k(x) = \begin{cases} 3 & (|x-5| \leqq 2) \\ 0 & (|x-5| > 2) \end{cases}$

Q2.6　4 個のデータ (2, 1, 0, 1) に対して，次の問いに答えよ．

(1) 離散フーリエ変換を求めよ．

(2) (1) で得られた離散フーリエ変換を逆離散フーリエ変換して，もとのデータと一致することを確かめよ．

Q2.7 周期 $T = 2\pi$ の関数の 1 周期分を等間隔で 4 回測定して，データ $(-1,\ 3,\ -1,\ -1)$ を得た．この離散フーリエ変換は $(0, -i, -1, i)$ であることを利用して，もとのデータをとる関数 $\widetilde{f}(x)$ を構成せよ．

B

例題 2.1

関数 $f(x)$ のフーリエ係数を a_n, b_n，複素フーリエ係数を c_n とすれば，a_n, b_n は c_n の実部 $\mathrm{Re}\,c_n$ と虚部 $\mathrm{Im}\,c_n$ を用いて，

$$a_0 = c_0, \quad a_n = 2\,\mathrm{Re}\,c_n, \quad b_n = -2\,\mathrm{Im}\,c_n \quad (n = 1, 2, \dots)$$

と表すことができる．次の問いに答えよ．

(1) これらの等式を証明せよ．

(2) 周期 2 の周期関数 $f(x) = 1 + x\ (-1 \leqq x < 1)$, $f(x+2) = f(x)$ の複素フーリエ係数を求めよ．

(3) (2) の関数 $f(x)$ のフーリエ級数を求めよ．

解 (1) 複素フーリエ級数の定義から, $c_0 = a_0$ であり, 自然数 n に対して, $c_n = \dfrac{a_n - ib_n}{2}$ となる．a_n, b_n は実数であるから，$\mathrm{Re}\,c_n = \dfrac{a_n}{2}$, $\mathrm{Im}\,c_n = -\dfrac{b_n}{2}$ となるので，求める等式が成立する．

(2)
$$c_0 = \frac{1}{2}\int_{-1}^{1}(1+x)\,dx = 1$$

$n \neq 0$ のときは，次のようになる．

$$\begin{aligned} c_n &= \frac{1}{2}\int_{-1}^{1}(1+x)e^{-in\pi x}\,dx \\ &= \frac{1}{2}\left[-\frac{1+x}{in\pi}e^{-in\pi x}\right]_{-1}^{1} + \frac{1}{2}\int_{-1}^{1}\frac{1}{in\pi}e^{-in\pi x}\,dx \\ &= -\frac{1}{in\pi}e^{-in\pi} + \frac{1}{2n^2\pi^2}\left[e^{-in\pi x}\right]_{-1}^{1} = \frac{(-1)^n}{n\pi}i \end{aligned}$$

(3) $f(x)$ のフーリエ係数は

$$a_0 = c_0 = 1, \quad a_n = 2\,\mathrm{Re}\,c_n = 0, \quad b_n = -2\,\mathrm{Im}\,c_n = -\frac{2(-1)^n}{n\pi} \quad (n = 1, 2, \dots)$$

となる．よって，$f(x)$ のフーリエ級数は次のようになる．

$$1-\frac{2}{\pi}\sum_{n=1}^{\infty}\frac{(-1)^n}{n}\sin n\pi x = 1+\frac{2}{\pi}\left(\sin \pi x-\frac{1}{2}\sin 2\pi x+\frac{1}{3}\sin 3\pi x-\cdots\right)$$

Q2.8　次の関数の複素フーリエ係数 c_n $(n=0,\pm1,\pm2,\dots)$ を求め，それを利用してフーリエ級数を求めよ．

$$f(x)=\begin{cases}0 & (-1\leqq x<0)\\ x & (0\leqq x<1)\end{cases},\quad f(x+2)=f(x)$$

Q2.9　$a>0$ とするとき，次の関数のフーリエ変換 $F(\omega)$ を求めよ．

→ **まとめ 2.3, Q2.2**

$$f(x)=\begin{cases}xe^{-ax} & (x\geqq 0)\\ 0 & (x<0)\end{cases}$$

Q2.10　$f(x)=\begin{cases}\cos 3x & (|x|\leqq \pi)\\ 0 & (|x|>\pi)\end{cases}$ に対して，次の問いに答えよ．

→ **まとめ 2.6, Q2.3**

(1) $f(x)$ のフーリエ変換 $F(\omega)$ を求めよ．

(2) $F(\omega)$ は連続関数であることを示せ．

Q2.11　関数 $f(x)=\begin{cases}e^{-x} & (x>0)\\ 0 & (x=0)\\ -e^{x} & (x<0)\end{cases}$ のフーリエ正弦変換 $S(\omega)$ およびフーリエ変換 $F(\omega)$ を求めよ．

→ **まとめ 2.6**

Q2.12　$\mathcal{F}\left[e^{-\frac{x^2}{2}}\right]=\sqrt{2\pi}e^{-\frac{\omega^2}{2}}$ となる．このことを用いて，次のフーリエ変換を求めよ．

→ **まとめ 2.7**

(1) $\mathcal{F}\left[e^{-x^2}\right]$　　(2) $\mathcal{F}\left[xe^{-\frac{x^2}{2}}\right]$　　(3) $\mathcal{F}\left[x^2e^{-\frac{x^2}{2}}\right]$

Q2.13　$f(x)=\begin{cases}0 & (x<-1,\ 1\leqq x)\\ 1 & (-1\leqq x<0)\\ -1 & (0\leqq x<1)\end{cases}$

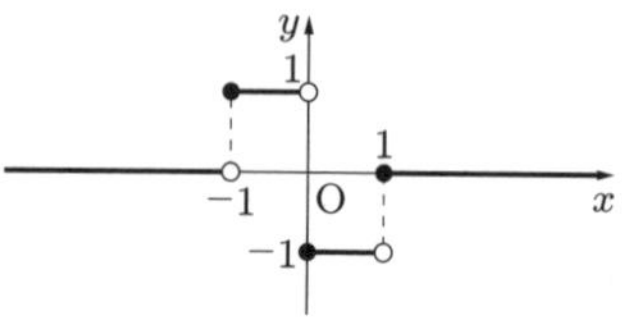

とするとき，次の問いに答えよ．　→ **まとめ 2.7**

(1) $f(x)$ のフーリエ変換 $F(\omega)$ $(\omega \neq 0)$ を求めよ．

(2) $g(x) = \displaystyle\int_{-\infty}^{x} f(t)\,dt$ とするとき，$g(x) = \begin{cases} 1-|x| & (|x| \leqq 1) \\ 0 & (|x| > 1) \end{cases}$ となることを示せ．

(3) (2) を利用して，$g(x)$ のフーリエ変換 $G(\omega)$ $(\omega \neq 0)$ を求めよ．

例題 2.2

フーリエ変換では，次の 3 つの性質をもつ偶関数 $\delta(x)$ を形式的に考え，これを**デルタ関数**という．

(i) $x \neq 0$ のとき，$\delta(x) = 0$　　(ii) $\displaystyle\int_{-\infty}^{\infty} \delta(x)\,dx = 1$

(iii) 任意の連続関数 $f(x)$ と定数 c に対して，$\displaystyle\int_{-\infty}^{\infty} f(x)\delta(x-c)\,dx = f(c)$

このとき，$\mathcal{F}[\delta(x)] = 1$ となることを示せ．

証明

$$\mathcal{F}[\delta(x)] = \int_{-\infty}^{\infty} \delta(x)e^{-i\omega x}\,dx = \int_{-\infty}^{\infty} \delta(x)(\cos\omega x - i\sin\omega x)\,dx$$

$$= \int_{-\infty}^{\infty} \delta(x)\cos\omega x\,dx - i\int_{-\infty}^{\infty} \delta(x)\sin\omega x\,dx = \cos 0 - i\sin 0 = 1$$

したがって，等式が成り立つ．**証明終**

Q2.14 デルタ関数から作った周期 T の周期関数

$$\delta_T(x) = \sum_{n=-\infty}^{\infty} \delta(x - nT)$$

の複素フーリエ級数を求めよ．

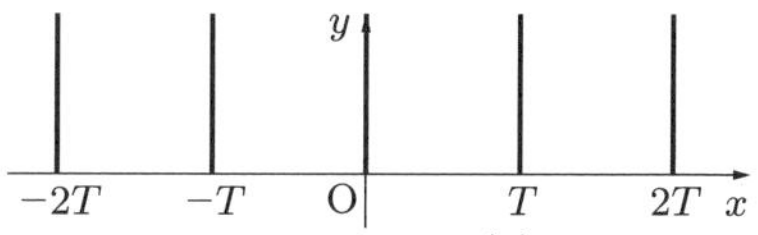

$y = \delta_T(x)$

Q2.15 デルタ関数 $\delta(x)$ と，整数 n，定数 $T > 0$ について，次の問いに答えよ．

(1) $\delta(\omega) = \dfrac{1}{2\pi}\displaystyle\int_{-\infty}^{\infty} e^{-i\omega x}\,dx$ となることを示せ．

(2) $\delta\left(\omega - \dfrac{2n\pi}{T}\right) = \dfrac{1}{2\pi}\mathcal{F}\left[e^{i\frac{2n\pi}{T}x}\right]$ となることを示せ．

(3) $f(x)$ が周期 T の周期関数のとき，$f(x)$ の複素フーリエ級数 $\displaystyle\sum_{n=-\infty}^{\infty} c_n e^{i\frac{2n\pi}{T}x}$ のフーリエ変換を，複素フーリエ係数 c_n $(n = 0, \pm 1, \pm 2, \ldots)$ とデルタ関数を用いて表せ．

例題 2.3

フーリエ変換では，関数 $f(x)$, $g(x)$ に対して，

$$f(x) * g(x) = \int_{-\infty}^{\infty} f(t)g(x-t)\,dt$$

を $f(x)$ と $g(x)$ の**合成積**または**たたみ込み**という．ラプラス変換の合成積と同様に，次が成り立つ．

(i) $f(x) * g(x) = g(x) * f(x)$　　(ii) $\mathcal{F}[f(x) * g(x)] = \mathcal{F}[f(x)]\mathcal{F}[g(x)]$

このとき，$f(x) * \delta(x) = f(x)$ となることを示せ．

証明　$\mathcal{F}[\delta(x)] = 1$ であるので，$\mathcal{F}[f(x) * \delta(x)] = \mathcal{F}[f(x)]\mathcal{F}[\delta(x)] = \mathcal{F}[f(x)]$ となる．したがって，逆フーリエ変換をとると，$f(x) * \delta(x) = f(x)$ を得る．証明終

Q2.16　$\mathcal{F}\left[e^{-\frac{x^2}{a}}\right] = \sqrt{a\pi}e^{-\frac{a\omega^2}{4}}$ となることを使って，次のフーリエ変換を求めよ．ただし，$a \neq 0, b \neq 0$ は定数とする．

(1) $e^{-\frac{x^2}{a}} * e^{-\frac{x^2}{b}}$　　(2) $e^{-x^2} * e^{-x^2}$

C

Q1　周期 π の関数 $f(x)$ を

$$f(x) = x\cos 2x \quad \left(-\frac{\pi}{2} \leqq x < \frac{\pi}{2}\right), \quad f(x+\pi) = f(x)$$

と定義する．（類題：大阪大学）

(1) $f(x)$ のフーリエ係数 a_n $(n = 0, 1, 2, \ldots)$, b_n $(n = 1, 2, \ldots)$ を求めよ．

(2) (1) で求めた $b_n (n = 1, 2, \ldots)$ に対して，$\displaystyle\sum_{n=1}^{\infty} {b_n}^2$ を求めよ．

〈point〉 Q1　(1) $f(x)$ は奇関数であるので，b_n を求めることになる．(2) パーセバルの等式を使う．

→ **例題** 1.1, Q1.11

解　答

第1章　ベクトル解析

第1節　ベクトル

1.1　$|\boldsymbol{a}|$，同じ向きの単位ベクトルの順に示す．

(1) $\sqrt{14}$,　$\dfrac{1}{\sqrt{14}}(\boldsymbol{i}-2\boldsymbol{j}+3\boldsymbol{k})$

(2) $\sqrt{3}$,　$\dfrac{1}{\sqrt{3}}(\boldsymbol{i}-\boldsymbol{j}+\boldsymbol{k})$

(3) $\sqrt{5}$,　$\dfrac{1}{\sqrt{5}}(2\boldsymbol{i}+\boldsymbol{k})$

(4) $\sqrt{26}$,　$\dfrac{1}{\sqrt{26}}(-3\boldsymbol{i}+\boldsymbol{j}+4\boldsymbol{k})$

1.2　(1) 34　　(2) 39

(3) $3\boldsymbol{a}\cdot\boldsymbol{b}-\boldsymbol{a}\cdot\boldsymbol{c}=92$

1.3　$\cos\theta=\dfrac{\sqrt{3}}{2}$ であるから，$\theta=\dfrac{\pi}{6}$.

1.4　(1) $15\sqrt{3}$ J　　(2) 30 J　　(3) -15 J

1.5　(1) $\boldsymbol{a}\times\boldsymbol{b}=2\boldsymbol{i}-3\boldsymbol{j}-\boldsymbol{k}$,　$\sigma=\sqrt{14}$,

$\boldsymbol{v}=\pm\dfrac{1}{\sqrt{14}}(2\boldsymbol{i}-3\boldsymbol{j}-\boldsymbol{k})$,　$2x-3y-z=9$

(2) $\boldsymbol{a}\times\boldsymbol{b}=-5\boldsymbol{i}-4\boldsymbol{j}+\boldsymbol{k}$,　$\sigma=\sqrt{42}$,

$\boldsymbol{v}=\pm\dfrac{1}{\sqrt{42}}(5\boldsymbol{i}+4\boldsymbol{j}-\boldsymbol{k})$,　$5x+4y-z=-9$

(3) $\boldsymbol{a}\times\boldsymbol{b}=\boldsymbol{i}-\boldsymbol{j}-\boldsymbol{k}$,　$\sigma=\sqrt{3}$,

$\boldsymbol{v}=\pm\dfrac{1}{\sqrt{3}}(\boldsymbol{i}-\boldsymbol{j}-\boldsymbol{k})$,　$x-y-z=2$

1.6　(1) $\begin{vmatrix} 4 & 2 & -7 \\ 7 & 1 & -8 \\ -3 & 4 & -5 \end{vmatrix}=9$

(2) $-\boldsymbol{b}\cdot(\boldsymbol{c}\times\boldsymbol{a})=-\boldsymbol{a}\cdot(\boldsymbol{b}\times\boldsymbol{c})=-9$

1.7　$U=\boldsymbol{a}\cdot(\boldsymbol{u}\times\boldsymbol{v})=\begin{vmatrix} 5 & -2 & 3 \\ 0 & 3 & 3 \\ -2 & 0 & 0 \end{vmatrix}$

$=30\ \left[\mathrm{m^3/s}\right]$

1.8　(1) ある実数 t に対して $\boldsymbol{a}=t\boldsymbol{b}$ となる．

したがって，$\begin{cases} x=t \\ 2=yt \\ -3=2t \end{cases}$ を解いて，$x=-\dfrac{3}{2}$,

$y=-\dfrac{4}{3}$ である．

(2) (1) と同様に，$\begin{cases} 1=-2t \\ 3y=t \\ -1=2xt \end{cases}$ を解いて，

$x=1,\ y=-\dfrac{1}{6}$ である．

(3) (1) と同様に，$\begin{cases} 2x=3yt \\ 3y=t \\ 3=yt \end{cases}$ を解いて，

$x=\dfrac{9}{2},\ y=\pm1$ である．

1.9　$\boldsymbol{a}\cdot\boldsymbol{b}=-2-2t+t=0$ より，$t=-2$ である．

1.10　求める単位ベクトルを $\boldsymbol{u}=a\boldsymbol{i}+b\boldsymbol{j}$ とすると，$\boldsymbol{a}\cdot\boldsymbol{u}=2a-b=0$ であるから，$b=2a$ となる．$|\boldsymbol{u}|=\sqrt{a^2+b^2}=1$ であるから，$a^2+b^2=1$ となるので，$b=2a$ を代入すると，$a^2=\dfrac{1}{5}$ である．これより，$a=\pm\dfrac{1}{\sqrt{5}},\ b=\pm\dfrac{2}{\sqrt{5}}$（複号同順）となるので，$\boldsymbol{u}=\pm\left(\dfrac{1}{\sqrt{5}}\boldsymbol{i}+\dfrac{2}{\sqrt{5}}\boldsymbol{j}\right)$ となる．

1.11　$|\boldsymbol{a}|^2=26$, $\boldsymbol{a}\cdot\boldsymbol{b}=-5$, $\boldsymbol{a}\cdot\boldsymbol{c}=12$, $|\boldsymbol{b}|^2=5$, $\boldsymbol{b}\cdot\boldsymbol{c}=-3$ である．

(1) $(\boldsymbol{a}+\boldsymbol{b})\cdot\boldsymbol{c}=\boldsymbol{a}\cdot\boldsymbol{c}+\boldsymbol{b}\cdot\boldsymbol{c}=9$

(2) $(\boldsymbol{b}-\boldsymbol{a})\cdot(\boldsymbol{c}-\boldsymbol{a})=\boldsymbol{b}\cdot\boldsymbol{c}-\boldsymbol{b}\cdot\boldsymbol{a}-\boldsymbol{a}\cdot\boldsymbol{c}+|\boldsymbol{a}|^2=16$

(3) $(2\boldsymbol{a}-\boldsymbol{b})\cdot(\boldsymbol{c}+\boldsymbol{b})=2\boldsymbol{a}\cdot\boldsymbol{c}+2\boldsymbol{a}\cdot\boldsymbol{b}-\boldsymbol{b}\cdot\boldsymbol{c}-|\boldsymbol{b}|^2=12$

1.12　$\boldsymbol{a},\boldsymbol{b}$ のなす角を θ とする．

(1) $(|\boldsymbol{a}|+|\boldsymbol{b}|)^2-|\boldsymbol{a}+\boldsymbol{b}|^2$

$=|\boldsymbol{a}|^2+2|\boldsymbol{a}||\boldsymbol{b}|+|\boldsymbol{b}|^2-|\boldsymbol{a}|^2-2\boldsymbol{a}\cdot\boldsymbol{b}-|\boldsymbol{b}|^2$

$=2(|\boldsymbol{a}||\boldsymbol{b}|-\boldsymbol{a}\cdot\boldsymbol{b})=2|\boldsymbol{a}||\boldsymbol{b}|(1-\cos\theta)\geqq 0$

したがって，$(|\boldsymbol{a}|+|\boldsymbol{b}|)^2\geqq|\boldsymbol{a}+\boldsymbol{b}|^2$ である．$|\boldsymbol{a}|+|\boldsymbol{b}|\geqq 0$, $|\boldsymbol{a}+\boldsymbol{b}|\geqq 0$ であるから，$|\boldsymbol{a}|+|\boldsymbol{b}|\geqq|\boldsymbol{a}+\boldsymbol{b}|$ が成り立つ．

(2) (1) において，$\boldsymbol{a}+\boldsymbol{b}=\boldsymbol{c}$ とすると，

$|\boldsymbol{c}|\leqq|\boldsymbol{c}-\boldsymbol{b}|+|\boldsymbol{b}|$ となる．

したがって，$|\boldsymbol{c}-\boldsymbol{b}|\geqq|\boldsymbol{c}|-|\boldsymbol{b}|$ である．

ここで，$\boldsymbol{c}$ を $\boldsymbol{a}$ にすると，$|\boldsymbol{a}-\boldsymbol{b}| \geqq |\boldsymbol{a}|-|\boldsymbol{b}|$ が成り立つ．

1.13　(1) $\boldsymbol{a}\times\boldsymbol{b} = \begin{vmatrix} \boldsymbol{i} & 0 & 1 \\ \boldsymbol{j} & 1 & -2 \\ \boldsymbol{k} & -1 & 1 \end{vmatrix} = -\boldsymbol{i}-\boldsymbol{j}-\boldsymbol{k}$

(2) $(2\boldsymbol{a}-3\boldsymbol{b})\times(2\boldsymbol{a}+3\boldsymbol{b}) = 4\boldsymbol{a}\times\boldsymbol{a}+6\boldsymbol{a}\times\boldsymbol{b}-6\boldsymbol{b}\times\boldsymbol{a}-9\boldsymbol{b}\times\boldsymbol{b} = 12\boldsymbol{a}\times\boldsymbol{b} = -12\boldsymbol{i}-12\boldsymbol{j}-12\boldsymbol{k}$

1.14　(1) 求める体積は，

$$\boldsymbol{a}\cdot(\boldsymbol{b}\times\boldsymbol{c}) = \begin{vmatrix} 2 & -1 & 1 \\ -2 & 3 & -1 \\ -1 & 1 & 3 \end{vmatrix} = 14$$

(2) 求める平面上に点 $\mathrm{P}(x,y,z)$ をとると，

$$\overrightarrow{\mathrm{AB}}\cdot\left(\overrightarrow{\mathrm{AC}}\times\overrightarrow{\mathrm{AP}}\right) = \begin{vmatrix} -3 & -1 & x-2 \\ 5 & 1 & y+2 \\ 2 & 4 & z+1 \end{vmatrix}$$

$$= 18x+10y+2z-14 = 0$$

である．したがって，求める平面の方程式は $9x+5y+z=7$ となる．

1.15　(1) $\boldsymbol{a}\cdot\boldsymbol{b}=2$, $|\boldsymbol{a}|^2=3$ であるから，求める正射影は $\dfrac{\boldsymbol{a}\cdot\boldsymbol{b}}{|\boldsymbol{a}|^2}\boldsymbol{a} = \dfrac{2}{3}(-\boldsymbol{i}+\boldsymbol{j}+\boldsymbol{k})$ であり，その大きさは $\dfrac{2}{3}\sqrt{3}$ となる．

(2) $\boldsymbol{a}\cdot\boldsymbol{b}=-2$, $|\boldsymbol{a}|^2=1$ であるから，求める正射影は $\dfrac{\boldsymbol{a}\cdot\boldsymbol{b}}{|\boldsymbol{a}|^2}\boldsymbol{a} = -2\boldsymbol{i}$ であり，その大きさは 2 となる．

(3) $\boldsymbol{a}\cdot\boldsymbol{b}=-2$, $|\boldsymbol{a}|^2=3$ であるから，求める正射影は $\dfrac{\boldsymbol{a}\cdot\boldsymbol{b}}{|\boldsymbol{a}|^2}\boldsymbol{a} = -\dfrac{2}{3}(\boldsymbol{i}+\boldsymbol{j}+\boldsymbol{k})$ であり，その大きさは $\dfrac{2}{3}\sqrt{3}$ となる．

(4) $\boldsymbol{a}\cdot\boldsymbol{b}=-4$, $|\boldsymbol{a}|^2=5$ であるから，求める正射影は $\dfrac{\boldsymbol{a}\cdot\boldsymbol{b}}{|\boldsymbol{a}|^2}\boldsymbol{a} = -\dfrac{4}{5}(\boldsymbol{i}+2\boldsymbol{j})$ であり，その大きさは $\dfrac{4}{5}\sqrt{5}$ となる．

1.16　(1) $\boldsymbol{a}\times(\boldsymbol{b}\times\boldsymbol{c}) = (\boldsymbol{a}\cdot\boldsymbol{c})\boldsymbol{b}-(\boldsymbol{a}\cdot\boldsymbol{b})\boldsymbol{c} = -7\boldsymbol{b}+8\boldsymbol{c} = -28\boldsymbol{i}-5\boldsymbol{j}+6\boldsymbol{k}$

(2) $(\boldsymbol{a}\times\boldsymbol{b})\times\boldsymbol{c} = -\boldsymbol{c}\times(\boldsymbol{a}\times\boldsymbol{b}) = -(\boldsymbol{c}\cdot\boldsymbol{b})\boldsymbol{a}+(\boldsymbol{c}\cdot\boldsymbol{a})\boldsymbol{b} = -8\boldsymbol{a}-7\boldsymbol{b} = -36\boldsymbol{i}-5\boldsymbol{j}-10\boldsymbol{k}$

> [note]　一般に，$\boldsymbol{a}\times(\boldsymbol{b}\times\boldsymbol{c}) = (\boldsymbol{a}\times\boldsymbol{b})\times\boldsymbol{c}$ は成り立たない．

1.17　(1) 左辺 $= (\boldsymbol{a}\times\boldsymbol{b})\cdot(\boldsymbol{c}\times\boldsymbol{d})$

$$\begin{aligned}
&= \boldsymbol{c}\cdot(\boldsymbol{d}\times(\boldsymbol{a}\times\boldsymbol{b})) \\
&= \boldsymbol{c}\cdot((\boldsymbol{d}\cdot\boldsymbol{b})\boldsymbol{a}-(\boldsymbol{d}\cdot\boldsymbol{a})\boldsymbol{b}) \\
&= (\boldsymbol{d}\cdot\boldsymbol{b})(\boldsymbol{c}\cdot\boldsymbol{a})-(\boldsymbol{d}\cdot\boldsymbol{a})(\boldsymbol{c}\cdot\boldsymbol{b}) \\
&= (\boldsymbol{a}\cdot\boldsymbol{c})(\boldsymbol{b}\cdot\boldsymbol{d})-(\boldsymbol{a}\cdot\boldsymbol{d})(\boldsymbol{b}\cdot\boldsymbol{c}) = \text{右辺}
\end{aligned}$$

(2) 左辺

$$\begin{aligned}
&= \boldsymbol{a}\times(\boldsymbol{b}\times\boldsymbol{c})+\boldsymbol{b}\times(\boldsymbol{c}\times\boldsymbol{a})+\boldsymbol{c}\times(\boldsymbol{a}\times\boldsymbol{b}) \\
&= (\boldsymbol{a}\cdot\boldsymbol{c})\boldsymbol{b}-(\boldsymbol{a}\cdot\boldsymbol{b})\boldsymbol{c}+(\boldsymbol{b}\cdot\boldsymbol{a})\boldsymbol{c} \\
&\quad -(\boldsymbol{b}\cdot\boldsymbol{c})\boldsymbol{a}+(\boldsymbol{c}\cdot\boldsymbol{b})\boldsymbol{a}-(\boldsymbol{c}\cdot\boldsymbol{a})\boldsymbol{b} = \boldsymbol{0} \\
&= \text{右辺}
\end{aligned}$$

(3) 第 1 式 $= (\boldsymbol{a}\times\boldsymbol{b})\times(\boldsymbol{c}\times\boldsymbol{d})$

$$\begin{aligned}
&= \{(\boldsymbol{a}\times\boldsymbol{b})\cdot\boldsymbol{d}\}\boldsymbol{c}-\{(\boldsymbol{a}\times\boldsymbol{b})\cdot\boldsymbol{c}\}\boldsymbol{d} \\
&= \{\boldsymbol{d}\cdot(\boldsymbol{a}\times\boldsymbol{b})\}\boldsymbol{c}-\{\boldsymbol{c}\cdot(\boldsymbol{a}\times\boldsymbol{b})\}\boldsymbol{d} \\
&= \{\boldsymbol{a}\cdot(\boldsymbol{b}\times\boldsymbol{d})\}\boldsymbol{c}-\{\boldsymbol{a}\cdot(\boldsymbol{b}\times\boldsymbol{c})\}\boldsymbol{d} \\
&= \text{第 2 式}
\end{aligned}$$

一方，

第 1 式 $= (\boldsymbol{a}\times\boldsymbol{b})\times(\boldsymbol{c}\times\boldsymbol{d})$

$$\begin{aligned}
&= -(\boldsymbol{c}\times\boldsymbol{d})\times(\boldsymbol{a}\times\boldsymbol{b}) \\
&= -\{(\boldsymbol{c}\times\boldsymbol{d})\cdot\boldsymbol{b}\}\boldsymbol{a}+\{(\boldsymbol{c}\times\boldsymbol{d})\cdot\boldsymbol{a}\}\boldsymbol{b} \\
&= \{\boldsymbol{a}\cdot(\boldsymbol{c}\times\boldsymbol{d})\}\boldsymbol{b}-\{\boldsymbol{b}\cdot(\boldsymbol{c}\times\boldsymbol{d})\}\boldsymbol{a} \\
&= \text{第 3 式}
\end{aligned}$$

(4) (1) を利用して，

左辺 $= (\boldsymbol{a}\times\boldsymbol{b})\cdot\{(\boldsymbol{b}\times\boldsymbol{c})\times(\boldsymbol{c}\times\boldsymbol{a})\}$

$$\begin{aligned}
&= \{\boldsymbol{a}\cdot(\boldsymbol{b}\times\boldsymbol{c})\}\{\boldsymbol{b}\cdot(\boldsymbol{c}\times\boldsymbol{a})\} \\
&\quad -\{\boldsymbol{a}\cdot(\boldsymbol{c}\times\boldsymbol{a})\}\{\boldsymbol{b}\cdot(\boldsymbol{b}\times\boldsymbol{c})\} \\
&= \{\boldsymbol{a}\cdot(\boldsymbol{b}\times\boldsymbol{c})\}^2-0 \\
&= \{\boldsymbol{a}\cdot(\boldsymbol{b}\times\boldsymbol{c})\}^2 = \text{右辺}
\end{aligned}$$

第 2 節　勾配，発散，回転

2.1　(1) 平面 $x+y-z=k$，すなわちベクトル $\boldsymbol{i}+\boldsymbol{j}-\boldsymbol{k}$ に垂直な平面

(2) 円柱面 $x^2+y^2=\dfrac{1}{k}$　$(k>0)$，すなわち z 軸を中心軸とする半径 $\dfrac{1}{\sqrt{k}}$ の円柱面

2.2 (1)

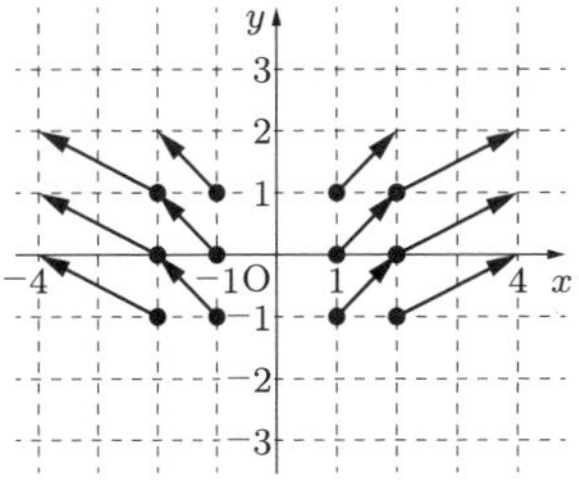

(2)

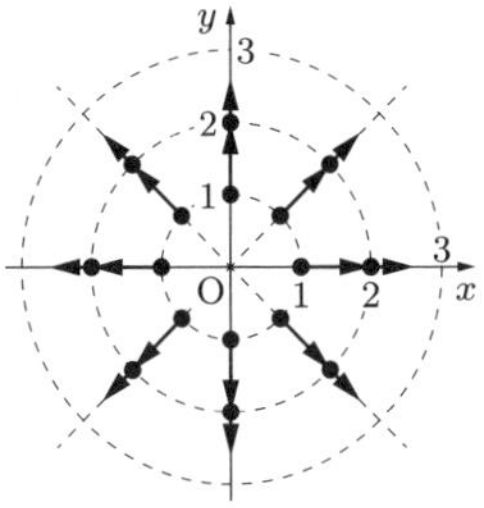

2.3 (1) $\operatorname{grad}\varphi = y^2z^3\boldsymbol{i} + 2xyz^3\,\boldsymbol{j} + 3xy^2z^2\,\boldsymbol{k}$

(2) $\operatorname{grad}\varphi = \dfrac{1}{\sqrt{x^2+y^2}}(x\,\boldsymbol{i} + y\,\boldsymbol{j})$

(3) $\operatorname{grad}\varphi = 2y\,\boldsymbol{j}$

(4) $\operatorname{grad}\varphi = (3y^2+4xz)\,\boldsymbol{i} + 6xy\,\boldsymbol{j} + 2x^2\,\boldsymbol{k}$

2.4 (1) 左辺 $= \nabla\left(\dfrac{1}{\varphi}\right)$

$$= \frac{\partial}{\partial x}\left(\frac{1}{\varphi}\right)\boldsymbol{i} + \frac{\partial}{\partial y}\left(\frac{1}{\varphi}\right)\boldsymbol{j} + \frac{\partial}{\partial z}\left(\frac{1}{\varphi}\right)\boldsymbol{k}$$

$$= -\frac{1}{\varphi^2}\frac{\partial\varphi}{\partial x}\boldsymbol{i} - \frac{1}{\varphi^2}\frac{\partial\varphi}{\partial y}\boldsymbol{j} - \frac{1}{\varphi^2}\frac{\partial\varphi}{\partial z}\boldsymbol{k}$$

$= -\dfrac{\nabla\varphi}{\varphi^2} =$ 右辺

(2) 左辺 $= \nabla\left(\dfrac{\varphi}{\psi}\right) = \nabla\left(\varphi\cdot\dfrac{1}{\psi}\right)$

$$= (\nabla\varphi)\cdot\frac{1}{\psi} + \varphi\cdot\nabla\left(\frac{1}{\psi}\right)$$

$$= (\nabla\varphi)\frac{\psi}{\psi^2} - \varphi\frac{(\nabla\psi)}{\psi^2}$$

$= \dfrac{(\nabla\varphi)\psi - \varphi(\nabla\psi)}{\psi^2} =$ 右辺

2.5 (1) $\operatorname{grad}\varphi = 2x\,\boldsymbol{i} + 3y^2\,\boldsymbol{j}$, $\operatorname{grad}\varphi(\mathrm{P}) = -2\boldsymbol{i} + 3\boldsymbol{j}$

(2) $D_{\boldsymbol{u}}\varphi(P) = -\dfrac{7}{\sqrt{5}}$

(3) $\operatorname{grad}\varphi(\mathrm{P})$ と同じ方向の単位ベクトルであるので，$\boldsymbol{u} = \dfrac{1}{\sqrt{13}}(-2\boldsymbol{i} + 3\boldsymbol{j})$

2.6 (1) $\operatorname{div}\boldsymbol{a} = 0$

(2) $\operatorname{div}\boldsymbol{a} = 3$

(3) $\operatorname{div}\boldsymbol{a} = 1 + x + xy$

(4) $\operatorname{div}\boldsymbol{a} = 2xy^2 + 2yz^2 + 2zx^2$

2.7 $\boldsymbol{a} = a_x\,\boldsymbol{i} + a_y\,\boldsymbol{j} + a_z\,\boldsymbol{k}$, $\boldsymbol{b} = b_x\,\boldsymbol{i} + b_y\,\boldsymbol{j} + b_z\,\boldsymbol{k}$ とすると，

左辺 $= \nabla\cdot(\boldsymbol{a}+\boldsymbol{b})$

$$= \nabla\cdot\{(a_x+b_x)\boldsymbol{i} + (a_y+b_y)\boldsymbol{j} + (a_z+b_z)\boldsymbol{k}\}$$

$$= \frac{\partial}{\partial x}(a_x+b_x) + \frac{\partial}{\partial y}(a_y+b_y) + \frac{\partial}{\partial z}(a_z+b_z)$$

$$= \left(\frac{\partial a_x}{\partial x} + \frac{\partial a_y}{\partial y} + \frac{\partial a_z}{\partial z}\right) + \left(\frac{\partial b_x}{\partial x} + \frac{\partial b_y}{\partial y} + \frac{\partial b_z}{\partial z}\right)$$

$= \nabla\cdot\boldsymbol{a} + \nabla\cdot\boldsymbol{b} =$ 右辺

2.8 $\nabla^2\varphi = \dfrac{2}{x^2+y^2+z^2}$

2.9 (1) $\operatorname{rot}\boldsymbol{a} = 2\boldsymbol{k}$

(2) $\operatorname{rot}\boldsymbol{a} = -2xy\,\boldsymbol{i} + 3y^2z^2\,\boldsymbol{j} + 2yz(1-z^2)\,\boldsymbol{k}$

(3) $\operatorname{rot}\boldsymbol{a} = x(z-y)\boldsymbol{i} + y(x-z)\boldsymbol{j} + z(y-x)\boldsymbol{k}$

(4) $\operatorname{rot}\boldsymbol{a} = 2yz^2\,\boldsymbol{i} + 2zx^2\,\boldsymbol{j} + 2xy^2\,\boldsymbol{k}$

2.10 (1) $\boldsymbol{a}$ は y 軸に平行な流れであり，x 座標，z 座標が変化しても，流れの大きさに変化がない．したがって，流れのまわりで流体の速度に差がなく，回転は生まれない（下図参照）．

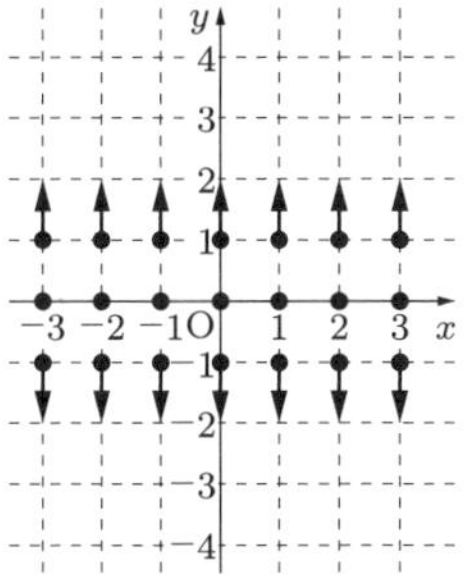

(2) $\boldsymbol{b}$ は x 軸に平行な流れであり，y 座標が変化すると，流れの大きさが変化する．したがって，流れのまわりで流体の速度に差があるため，（反時計回りの）回転が生まれる（次ページの図参照）．

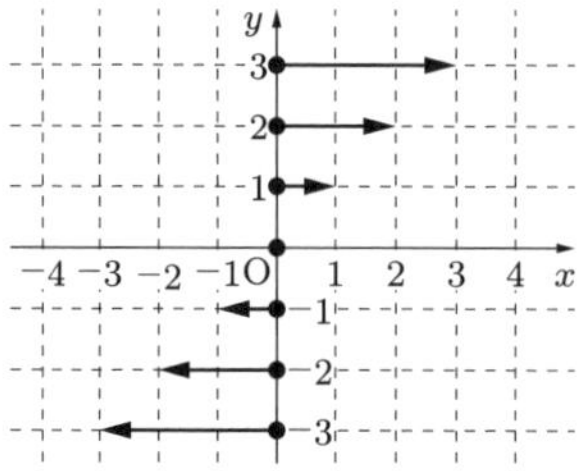

2.11　(1) $\operatorname{grad}\varphi = y\cos xy\,\boldsymbol{i} + x\cos xy\,\boldsymbol{j} + \boldsymbol{k}$

(2) $\operatorname{grad}\varphi = e^x\log y\,\boldsymbol{i} + \dfrac{e^x}{y}\,\boldsymbol{j}$

(3) $\operatorname{grad}\varphi = e^{x+y+z}\boldsymbol{i} + e^{x+y+z}\boldsymbol{j} + e^{x+y+z}\boldsymbol{k}$

(4) $\operatorname{grad}\varphi = \sin^{-1} yz\,\boldsymbol{i}$
$$+\frac{xz}{\sqrt{1-y^2z^2}}\boldsymbol{j} + \frac{xy}{\sqrt{1-y^2z^2}}\boldsymbol{k}$$

2.12　(1) $\operatorname{div}\boldsymbol{a} = y+z+x$,
$\operatorname{rot}\boldsymbol{a} = -y\,\boldsymbol{i} - z\,\boldsymbol{j} - x\,\boldsymbol{k}$

(2) $\operatorname{div}\boldsymbol{a} = \dfrac{2x}{x^2+y^2} + \dfrac{2y}{y^2+z^2} + \dfrac{2z}{z^2+x^2}$,

$\operatorname{rot}\boldsymbol{a} = -\dfrac{2z}{y^2+z^2}\boldsymbol{i} - \dfrac{2x}{z^2+x^2}\boldsymbol{j} - \dfrac{2y}{x^2+y^2}\boldsymbol{k}$

(3) $\operatorname{div}\boldsymbol{a} = y\cos xy + \sin(y+z) + \dfrac{1}{\cos^2 z}$,

$\operatorname{rot}\boldsymbol{a} = -\sin(y+z)\,\boldsymbol{i} - x\cos xy\,\boldsymbol{k}$

(4) $\operatorname{div}\boldsymbol{a} = e^x\log y + \dfrac{2y}{x^2+y^2} + xye^{xyz}$,

$\operatorname{rot}\boldsymbol{a} = xze^{xyz}\,\boldsymbol{i} - yze^{xyz}\,\boldsymbol{j}$
$$+\left(\frac{2x}{x^2+y^2} - \frac{e^x}{y}\right)\boldsymbol{k}$$

2.13　$\operatorname{div}\boldsymbol{a} = 3k-3 = 0$ となればよいから，
$k = 1$

2.14　$\boldsymbol{a} = a_x\,\boldsymbol{i} + a_y\,\boldsymbol{j} + a_z\,\boldsymbol{k}$, $\boldsymbol{b} = b_x\,\boldsymbol{i} + b_y\,\boldsymbol{j} + b_z\,\boldsymbol{k}$ とする．

$\boldsymbol{a}\times\boldsymbol{b} = (a_yb_z - a_zb_y)\,\boldsymbol{i} - (a_xb_z - a_zb_x)\,\boldsymbol{j} + (a_xb_y - a_yb_x)\,\boldsymbol{k}$ であるから，

$$\frac{\partial}{\partial x}(a_yb_z - a_zb_y) = \frac{\partial a_y}{\partial x}b_z - \frac{\partial a_z}{\partial x}b_y + a_y\frac{\partial b_z}{\partial x} - a_z\frac{\partial b_y}{\partial x},$$

$$-\frac{\partial}{\partial y}(a_xb_z - a_zb_x) = -\frac{\partial a_x}{\partial y}b_z + \frac{\partial a_z}{\partial y}b_x - a_x\frac{\partial b_z}{\partial y} + a_z\frac{\partial b_x}{\partial y},$$

$$\frac{\partial}{\partial z}(a_xb_y - a_yb_x) = \frac{\partial a_x}{\partial z}b_y - \frac{\partial a_y}{\partial z}b_x + a_x\frac{\partial b_y}{\partial z} - a_y\frac{\partial b_x}{\partial z}$$

となる．よって，

$$\begin{aligned}
\text{左辺} &= \nabla\cdot(\boldsymbol{a}\times\boldsymbol{b})\\
&= b_x\left(\frac{\partial a_z}{\partial y} - \frac{\partial a_y}{\partial z}\right) - b_y\left(\frac{\partial a_z}{\partial x} - \frac{\partial a_x}{\partial z}\right)\\
&\quad + b_z\left(\frac{\partial a_y}{\partial x} - \frac{\partial a_x}{\partial y}\right) - a_x\left(\frac{\partial b_z}{\partial y} - \frac{\partial b_y}{\partial z}\right)\\
&\quad + a_y\left(\frac{\partial b_z}{\partial x} - \frac{\partial b_x}{\partial z}\right) - a_z\left(\frac{\partial b_y}{\partial x} - \frac{\partial b_x}{\partial y}\right)\\
&= \boldsymbol{b}\cdot(\nabla\times\boldsymbol{a}) - \boldsymbol{a}\cdot(\nabla\times\boldsymbol{b}) = \text{右辺}
\end{aligned}$$

2.15　(1)　$\nabla^2\varphi = -(x^2+y^2)\sin xy - 2\sin(x^2+yz) - (4x^2+y^2+z^2)\cos(x^2+yz)$

(2)　$\nabla^2\varphi = ze^x\left(\log y - \dfrac{1}{y^2}\right)$

2.16　(1) $\nabla\cdot(\nabla\times\boldsymbol{a}) = 0$

(2) $\nabla\times(\nabla\times\boldsymbol{a}) = 2z\,\boldsymbol{i} + 2x\,\boldsymbol{j} + 2y\,\boldsymbol{k}$

(3) $\nabla(\nabla\cdot\boldsymbol{a}) = 2(y+z)\,\boldsymbol{i} + 2(z+x)\,\boldsymbol{j} + 2(x+y)\,\boldsymbol{k}$

(4) $\nabla\times(\nabla\varphi) = \boldsymbol{0}$

> **[note]**　任意のベクトル場 $\boldsymbol{a}$，スカラー場 φ に対して，$\operatorname{div}(\operatorname{rot}\boldsymbol{a}) = 0$，$\operatorname{rot}(\operatorname{grad}\varphi) = \boldsymbol{0}$ となる．

2.17　$\varphi = (x-1)^2 + 2y^2 + (z+2)^2$ とすると，$\operatorname{grad}\varphi = 2(x-1)\,\boldsymbol{i} + 4y\,\boldsymbol{j} + 2(z+2)\,\boldsymbol{k}$ であるから，$\operatorname{grad}\varphi(2, \sqrt{2}, -3) = 2\boldsymbol{i} + 4\sqrt{2}\boldsymbol{j} - 2\boldsymbol{k}$ となる．求める接平面の方程式は $2(x-2) + 4\sqrt{2}(y-\sqrt{2}) - 2(z+3) = 0$ より，$x + 2\sqrt{2}y - z = 9$ である．

2.18　(1) 左辺
$$\begin{aligned}
&= \frac{\partial}{\partial x}f(\varphi)\boldsymbol{i} + \frac{\partial}{\partial y}f(\varphi)\boldsymbol{j} + \frac{\partial}{\partial z}f(\varphi)\boldsymbol{k}\\
&= \frac{df(\varphi)}{d\varphi}\frac{\partial\varphi}{\partial x}\boldsymbol{i} + \frac{df(\varphi)}{d\varphi}\frac{\partial\varphi}{\partial y}\boldsymbol{j} + \frac{df(\varphi)}{d\varphi}\frac{\partial\varphi}{\partial z}\boldsymbol{k}\\
&= f'(\varphi)\left(\frac{\partial\varphi}{\partial x}\boldsymbol{i} + \frac{\partial\varphi}{\partial y}\boldsymbol{j} + \frac{\partial\varphi}{\partial z}\boldsymbol{k}\right)\\
&= f'(\varphi)\nabla\varphi = \text{右辺}
\end{aligned}$$

(2)
$$\begin{aligned}
\text{左辺} &= \nabla\cdot\nabla f(\varphi) = \nabla\cdot\left\{f'(\varphi)\nabla\varphi\right\}\\
&= \nabla f'(\varphi)\cdot\nabla\varphi + f'(\varphi)\nabla\cdot\nabla\varphi\\
&= f''(\varphi)\nabla\varphi\cdot\nabla\varphi + f'(\varphi)\nabla^2\varphi\\
&= f''(\varphi)|\nabla\varphi|^2 + f'(\varphi)\nabla^2\varphi = \text{右辺}
\end{aligned}$$

2.19　(1) $\nabla\cdot\boldsymbol{a} = 3$　　(2) $\nabla\times\boldsymbol{a} = \boldsymbol{i} + \boldsymbol{j} + \boldsymbol{k}$

(3) $\nabla\varphi = \boldsymbol{i} + \boldsymbol{j} + \boldsymbol{k}$ であるから，

$\boldsymbol{a}\cdot(\nabla\varphi) = (x-y)+(y-z)+(z-x) = 0$

(4) $\boldsymbol{a}\times(\nabla\varphi) = \begin{vmatrix} \boldsymbol{i} & x-y & 1 \\ \boldsymbol{j} & y-z & 1 \\ \boldsymbol{k} & z-x & 1 \end{vmatrix} = (x+y-2z)\boldsymbol{i}+(y+z-2x)\boldsymbol{j}+(z+x-2y)\boldsymbol{k}$

(5) $\nabla\cdot(\varphi\boldsymbol{a}) = \nabla\varphi\cdot\boldsymbol{a}+\varphi(\nabla\cdot\boldsymbol{a}) = 0+3\varphi = 3(x+y+z)$

(6) $\nabla\times(\varphi\boldsymbol{a})$

$$= (\nabla\varphi)\times\boldsymbol{a}+\varphi(\nabla\times\boldsymbol{a})$$
$$= -\boldsymbol{a}\times(\nabla\varphi)+\varphi(\nabla\times\boldsymbol{a})$$
$$= (2z-x-y)\,\boldsymbol{i}+(2x-y-z)\,\boldsymbol{j} + (2y-z-x)\,\boldsymbol{k} + (x+y+z)(\boldsymbol{i}+\boldsymbol{j}+\boldsymbol{k})$$
$$= 3z\,\boldsymbol{i}+3x\,\boldsymbol{j}+3y\,\boldsymbol{k}$$

第3節　線積分と面積分

3.1 媒介変数表示の方法は1通りではない．以下の解答は一例である．

(1) $\boldsymbol{r} = (1+2t)\boldsymbol{i}+(2-4t)\boldsymbol{j}+(3-2t)\boldsymbol{k}$ $(0 \leqq t \leqq 1)$

(2) $\boldsymbol{r} = 3\cos t\,\boldsymbol{i}+3\sin t\,\boldsymbol{j}+2\boldsymbol{k}$

3.2 (1) $\dfrac{d\boldsymbol{r}}{dt} = \boldsymbol{i}+2\boldsymbol{j}-3\boldsymbol{k},\quad \left|\dfrac{d\boldsymbol{r}}{dt}\right| = \sqrt{14}$

(2) $\dfrac{d\boldsymbol{r}}{dt} = -4\sin t\,\boldsymbol{i}+4\cos t\,\boldsymbol{k},\quad \left|\dfrac{d\boldsymbol{r}}{dt}\right| = 4$

(3) $\dfrac{d\boldsymbol{r}}{dt} = 2\boldsymbol{i}-3\sin t\,\boldsymbol{j}+3\cos t\,\boldsymbol{k},\quad \left|\dfrac{d\boldsymbol{r}}{dt}\right| = \sqrt{13}$

(4) $\dfrac{d\boldsymbol{r}}{dt} = 2t\,\boldsymbol{j}+\boldsymbol{k},\quad \left|\dfrac{d\boldsymbol{r}}{dt}\right| = \sqrt{4t^2+1}$

3.3 (1) $s = \displaystyle\int_0^3 \sqrt{t^4+4t^2+4}\,dt$

$$= \int_0^3 (t^2+2)\,dt = 15$$

(2) $s = \displaystyle\int_0^{2\pi} \sqrt{16\sin^2 t+9+16\cos^2 t}dt = \int_0^{2\pi} 5\,dt = 10\pi$

3.4 曲線Cは $\boldsymbol{r} = (4t-1)\,\boldsymbol{i}+(2-5t)\,\boldsymbol{j}+3t\,\boldsymbol{k}$ $(0 \leqq t \leqq 1)$ と表すことができる．$\dfrac{d\boldsymbol{r}}{dt} = 4\boldsymbol{i}-5\boldsymbol{j}+3\boldsymbol{k}$, $\left|\dfrac{d\boldsymbol{r}}{dt}\right| = 5\sqrt{2}$ となる．

(1) $\displaystyle\int_C \varphi\,ds = \int_0^1 (-8t+2)\cdot 5\sqrt{2}\,dt = -10\sqrt{2}$

(2) $\displaystyle\int_C \varphi\,ds = \int_0^1 (30t^2-8t-1)\cdot 5\sqrt{2}\,dt = 25\sqrt{2}$

(3) $\displaystyle\int_C \varphi\,ds = \int_0^1 (50t^2-28t+5)\cdot 5\sqrt{2}\,dt = \frac{115}{3}\sqrt{2}$

3.5 (1) $\dfrac{d\boldsymbol{r}}{dt} = -\sin t\,\boldsymbol{i}+\cos t\,\boldsymbol{j}+\boldsymbol{k}$. C上で，$\boldsymbol{a} = \sin t\,\boldsymbol{i}-\cos t\,\boldsymbol{j}+t\,\boldsymbol{k}$ である．

$$\int_C \boldsymbol{a}\cdot d\boldsymbol{r} = \int_0^{\pi} (t-1)\,dt = \pi\left(\frac{\pi}{2}-1\right)$$

(2) $\dfrac{d\boldsymbol{r}}{dt} = \boldsymbol{i}+2t\,\boldsymbol{j}-2\boldsymbol{k}$. C上で，$\boldsymbol{a} = t^2\boldsymbol{i}-t\,\boldsymbol{j}+(1-2t)\,\boldsymbol{k}$ である．

$$\int_C \boldsymbol{a}\cdot d\boldsymbol{r} = \int_0^3 (-t^2+4t-2)\,dt = 3$$

3.6 (1) $\varphi(3,1,0)-\varphi(1,2,-1) = 2$

(2) $\varphi\left(\dfrac{\pi}{2},0,3\right)-\varphi(0,2,0) = -\dfrac{3}{2}\pi-4$

3.7 (1) $\boldsymbol{r} = (u+4v)\boldsymbol{i}+(2u+5v)\boldsymbol{j}+(3u+6v)\boldsymbol{k}$

(2) $\boldsymbol{r} = 4\cos u\,\boldsymbol{i}+v\,\boldsymbol{j}+4\sin u\,\boldsymbol{k}$

(3) $\boldsymbol{r} = x\,\boldsymbol{i}+y\,\boldsymbol{j}+(2x^2+xy+y^2)\boldsymbol{k}$

3.8 (1) $\dfrac{\partial\boldsymbol{r}}{\partial u} = 2u\,\boldsymbol{i}+2\boldsymbol{j},\ \dfrac{\partial\boldsymbol{r}}{\partial v} = -2v\,\boldsymbol{i}-\boldsymbol{k}$, 単位法線ベクトル $\pm\dfrac{1}{\sqrt{1+u^2+4v^2}}(-\boldsymbol{i}+u\,\boldsymbol{j}+2v\,\boldsymbol{k})$

(2) $\dfrac{\partial\boldsymbol{r}}{\partial u} = -2v\sin 2u\,\boldsymbol{i}-2v\cos 2u\,\boldsymbol{j}$, 単位法線ベクトル $\dfrac{\partial\boldsymbol{r}}{\partial v} = \cos 2u\,\boldsymbol{i}-\sin 2u\,\boldsymbol{j}+2v\,\boldsymbol{k}$, $\pm\dfrac{1}{\sqrt{4v^2+1}}(2v\cos 2u\,\boldsymbol{i}-2v\sin 2u\,\boldsymbol{j}-\boldsymbol{k})$

3.9 $\dfrac{\partial\boldsymbol{r}}{du}\times\dfrac{\partial\boldsymbol{r}}{dv} = v\cos u\,\boldsymbol{i}+v\sin u\,\boldsymbol{j}-v\,\boldsymbol{k}$

(1) $\sigma = \displaystyle\int_0^{2\pi}\left\{\int_0^2 \sqrt{2}v\,dv\right\}du$

$$= \int_0^{2\pi} 2\sqrt{2}\,du = 4\sqrt{2}\,\pi$$

(2) $\displaystyle\int_S \varphi\,d\sigma = \int_0^{2\pi}\left\{\int_0^2 (v\cos u+3v)\cdot\sqrt{2}v\,dv\right\}du = 16\sqrt{2}\pi$

3.10 $\dfrac{\partial\boldsymbol{r}}{\partial u} = -\sin u\,\boldsymbol{j}+\cos u\,\boldsymbol{k},\ \dfrac{\partial\boldsymbol{r}}{\partial v} = \boldsymbol{i}$ より，$\boldsymbol{n} = \cos u\,\boldsymbol{j}+\sin u\,\boldsymbol{k}$

3.11 $\dfrac{\partial \boldsymbol{r}}{\partial u} \times \dfrac{\partial \boldsymbol{r}}{\partial v} = -4x\,\boldsymbol{i} - 6y\,\boldsymbol{j} + \boldsymbol{k}$ より，$\boldsymbol{n}$ $= \dfrac{1}{\sqrt{16x^2+36y^2+1}}(4x\,\boldsymbol{i}+6y\,\boldsymbol{j}-\boldsymbol{k})$

3.12 $\dfrac{\partial \boldsymbol{r}}{du} \times \dfrac{\partial \boldsymbol{r}}{dv} = 2u\,\boldsymbol{i} + 2u\,\boldsymbol{j} - 2\boldsymbol{k}$．S において，$\boldsymbol{a} = u^2\,\boldsymbol{i} + (u+v)\,\boldsymbol{k}$ であるから，

$$\int_S \boldsymbol{a}\cdot d\boldsymbol{S} = \int_0^1 \left\{ \int_0^2 \left\{ 2u^3 - 2(u+v) \right\} du \right\} dv$$
$$= \int_0^1 (4-4v)dv = 2$$

3.13 $\dfrac{\partial \boldsymbol{r}}{dx} \times \dfrac{\partial \boldsymbol{r}}{dy} = 2x\,\boldsymbol{i} + \boldsymbol{k}$．S において，$\boldsymbol{a} = (4-x^2)\,\boldsymbol{i}$ であるから，$\displaystyle\int_S \boldsymbol{a}\cdot d\boldsymbol{S} = \int_0^2 \left\{ \int_0^1 (4-x^2)\cdot 2x\,dy \right\} dx = \int_0^2 (8x - 2x^3)dx = 8$

3.14 $\boldsymbol{r} = t\,\boldsymbol{i} + t^2\,\boldsymbol{j} + (2t+1)\,\boldsymbol{k}$ $(0 \leqq t \leqq 1)$ など

3.15 (1) $\dfrac{d\boldsymbol{r}}{dt} = \cos t\,\boldsymbol{i} - \sin t\,\boldsymbol{j} + \dfrac{1}{\cos^2 t}\,\boldsymbol{k}$，

$$\left.\frac{d\boldsymbol{r}}{dt}\right|_{t=0} = \boldsymbol{i} + \boldsymbol{k}$$

(2) $\dfrac{d\boldsymbol{r}}{dt} = e^t\boldsymbol{i} + 2te^{t^2}\boldsymbol{j} + 3t^2e^{t^3}\boldsymbol{k}$，

$$\left.\frac{d\boldsymbol{r}}{dt}\right|_{t=0} = \boldsymbol{i}$$

3.16 (1) $\dfrac{d\boldsymbol{r}}{dt} = 2t^2\,\boldsymbol{i} + 2\boldsymbol{j} - \dfrac{1}{t^2}\,\boldsymbol{k}$，

$\left|\dfrac{d\boldsymbol{r}}{dt}\right| = \sqrt{4t^4+4+\dfrac{1}{t^4}} = 2t^2 + \dfrac{1}{t^2}$ であるから，$s = \displaystyle\int_1^2 \left(2t^2 + \frac{1}{t^2}\right) dt = \frac{31}{6}$

(2) $\dfrac{d\boldsymbol{r}}{dt} = \mathrm{e}^t\,\boldsymbol{i} + \mathrm{e}^{-t}\,\boldsymbol{j} + \sqrt{2}\,\boldsymbol{k}$，

$\left|\dfrac{d\boldsymbol{r}}{dt}\right| = \sqrt{\mathrm{e}^{2t}+\mathrm{e}^{-2t}+2} = \mathrm{e}^t + \mathrm{e}^{-t}$ であるから，$s = \displaystyle\int_0^1 \left(\mathrm{e}^t + \mathrm{e}^{-t}\right) dt = \mathrm{e} - \frac{1}{\mathrm{e}}$

3.17 (1) $\boldsymbol{r} = (-1+2t)\boldsymbol{i} + 2t\,\boldsymbol{j} + (2+t)\boldsymbol{k}$ $(0 \leqq t \leqq 1)$，$\dfrac{d\boldsymbol{r}}{dt} = 2\boldsymbol{i} + 2\boldsymbol{j} + \boldsymbol{k}$，$\left|\dfrac{d\boldsymbol{r}}{dt}\right| = 3$ となる．

$$\int_C \varphi\,ds = \int_0^1 \pi\left\{\sin\pi(2t-1) + \sin 2\pi t + \sin\pi(t+2)\right\}\cdot 3\,dt$$
$$= 6$$

(2) $\dfrac{d\boldsymbol{r}}{dt} = -\sin t\,\boldsymbol{i} + \cos t\,\boldsymbol{j} + \sqrt{3}\,\boldsymbol{k}$，$\left|\dfrac{d\boldsymbol{r}}{dt}\right| = 2$ となる．

$$\int_C \varphi\,ds = \int_0^{\frac{\pi}{2}} (\cos t + \sin^3 t + 3t^2)\cdot 2\,dt$$
$$= \frac{10}{3} + \frac{\pi^3}{4}$$

3.18 (1) $\mathrm{grad}\,\varphi = (2x-3y)\boldsymbol{i} - 3x\,\boldsymbol{j} + 4z\,\boldsymbol{k} = \boldsymbol{a}$ であるから，φ は $\boldsymbol{a}$ のスカラーポテンシャルである．

(2)
$$\int_C \boldsymbol{a}\cdot d\boldsymbol{r} = \int_C \mathrm{grad}\,\varphi\cdot d\boldsymbol{r}$$
$$= \varphi(-3,1,4) - \varphi(5,-2,1)$$
$$= 50 - 57 = -7$$

3.19 $\boldsymbol{p} = x\,\boldsymbol{i} + y\,\boldsymbol{j} + z\,\boldsymbol{k}$，$|\boldsymbol{p}| = \sqrt{x^2+y^2+z^2}$ である．

(1)
$$\int_C \mathrm{grad}\,\frac{1}{|\boldsymbol{p}|}\cdot d\boldsymbol{r} = \frac{1}{\sqrt{1^2+(-2)^2+1^2}} - \frac{1}{\sqrt{(-3)^2+1^2+2^2}}$$
$$= \frac{1}{\sqrt{6}} - \frac{1}{\sqrt{14}}$$
$$= \frac{7\sqrt{6} - 3\sqrt{14}}{42}$$

(2)
$$\int_C \mathrm{grad}\,|\boldsymbol{p}|\cdot d\boldsymbol{r}$$
$$= \sqrt{0^2+3^2+4^2} - \sqrt{1^2+0^2+0^2}$$
$$= 4$$

3.20 $\mathrm{C}_1 : \boldsymbol{r}_1 = t\boldsymbol{i}$ $(0 \leqq t \leqq 1)$，$\mathrm{C}_2 : \boldsymbol{r}_2 = \boldsymbol{i} + (t-1)\boldsymbol{k}$ $(1 \leqq t \leqq 2)$，$\mathrm{C}_3 : \boldsymbol{r}_3 = \boldsymbol{i} + (t-2)\boldsymbol{j} + \boldsymbol{k}$ $(2 \leqq t \leqq 3)$ とする．

$d\boldsymbol{r}_1 = \boldsymbol{i}\,dt$ であるから，

$$\int_{C_1} \boldsymbol{a}\cdot d\boldsymbol{r}_1 = \int_0^1 x\,dt = \int_0^1 t\,dt = \frac{1}{2}$$

$d\boldsymbol{r}_2 = \boldsymbol{k}\,dt$ であるから，

$$\int_{C_2} \boldsymbol{a}\cdot d\boldsymbol{r}_2 = \int_1^2 z\,dt = \int_1^2 (t-1)\,dt = \frac{1}{2}$$

$d\boldsymbol{r}_3 = \boldsymbol{j}\,dt$ であるから，

$$\int_{C_3} \boldsymbol{a}\cdot d\boldsymbol{r}_3 = \int_2^3 y\,dt = \int_2^3 (t-2)\,dt = \frac{1}{2}$$

したがって，$\displaystyle\int_C \boldsymbol{a}\cdot d\boldsymbol{r} = \int_{C_1} \boldsymbol{a}\cdot d\boldsymbol{r}_1 + \int_{C_2} \boldsymbol{a}\cdot d\boldsymbol{r}_2 + \int_{C_3} \boldsymbol{a}\cdot d\boldsymbol{r}_3 = \frac{3}{2}$ となる．

別解 $\varphi = \frac{1}{2}(x^2+y^2+z^2)$ とすると，$\operatorname{grad}\varphi = \boldsymbol{a}$ であるから，$\int_C \boldsymbol{a}\cdot d\boldsymbol{r} = \varphi(1,1,1) - \varphi(0,0,0) = \frac{3}{2}$ となる．

3.21 (1) S は $\boldsymbol{r} = x\,\boldsymbol{i}+y\,\boldsymbol{j}+(6-x^2+y^2)\,\boldsymbol{k}$ と表すことができる．$\frac{\partial \boldsymbol{r}}{\partial x}\times\frac{\partial \boldsymbol{r}}{\partial y} = 2x\,\boldsymbol{i}-2y\,\boldsymbol{j}+\boldsymbol{k}$ となるので，$(2,-1,3)$ において $4\boldsymbol{i}+2\boldsymbol{j}+\boldsymbol{k}$ は S の法線ベクトルとなる．したがって，単位法線ベクトルは $\pm\frac{1}{\sqrt{21}}(4\boldsymbol{i}+2\boldsymbol{j}+\boldsymbol{k})$ となる．

(2) $4(x-2)+2(y+1)+z-3=0$ より，求める方程式は $4x+2y+z=9$ である．

3.22 (1) $\frac{\partial \boldsymbol{r}}{\partial u}\times\frac{\partial \boldsymbol{r}}{\partial v} = (2u+8v)\,\boldsymbol{i}+(2u-4v)\,\boldsymbol{j}-3\boldsymbol{k}$ であるから，$u=-2,\ v=1$ において $4\boldsymbol{i}-8\boldsymbol{j}-3\boldsymbol{k}$ は S の法線ベクトルとなる．したがって，単位法線ベクトルは $\pm\frac{1}{\sqrt{89}}(4\boldsymbol{i}-8\boldsymbol{j}-3\boldsymbol{k})$ となる．

(2) $u=-2,\ v=1$ に対応する点は $(-1,-5,6)$ であるから，求める方程式は $4(x+1)-8(y+5)-3(z-6)=0$ より $4x-8y-3z=18$ である．

3.23 $\frac{\partial \boldsymbol{r}}{\partial u}\times\frac{\partial \boldsymbol{r}}{\partial v} = -2\cos u\,\boldsymbol{j}-2\sin v\,\boldsymbol{k}$ であるから，$\left|\frac{\partial \boldsymbol{r}}{\partial u}\times\frac{\partial \boldsymbol{r}}{\partial v}\right| = 2$ となるので，求める面積分は，$\int_S \varphi\,d\sigma = \int_0^{\frac{\pi}{2}}\left\{\int_0^2 8u\cos v\sin v\,du\right\}dv$
$= \int_0^{\frac{\pi}{2}} 8\sin 2u\,du = 8$ となる．

3.24 (1) $z=4-2x-4y$ となるので，S は $\boldsymbol{r} = x\,\boldsymbol{i}+y\,\boldsymbol{j}+(4-2x-4y)\,\boldsymbol{k}$，定義域は $D = \left\{(x,y)\middle| 0\leqq x\leqq 2,\ 0\leqq y\leqq 1-\frac{x}{2}\right\}$ と表される．

$\frac{\partial \boldsymbol{r}}{\partial x} = \boldsymbol{i}-2\boldsymbol{k}$, $\frac{\partial \boldsymbol{r}}{\partial y} = \boldsymbol{j}-4\boldsymbol{k}$ であるから，

$\frac{\partial \boldsymbol{r}}{\partial x}\times\frac{\partial \boldsymbol{r}}{\partial y} = 2\boldsymbol{i}+4\boldsymbol{j}+\boldsymbol{k}$, $\left|\frac{\partial \boldsymbol{r}}{\partial x}\times\frac{\partial \boldsymbol{r}}{\partial y}\right| = \sqrt{21}$ となる．

$$\sigma = \iint_D \sqrt{21}\,dxdy = \int_0^2\left\{\int_0^{1-\frac{x}{2}}\sqrt{21}\,dy\right\}dx$$
$$= \int_0^2\left(1-\frac{x}{2}\right)dx = \sqrt{21}$$

(2) 曲面 S は $\boldsymbol{r} = x\,\boldsymbol{i}+y\,\boldsymbol{j}+\frac{x^2}{2}\,\boldsymbol{k}$，定義域は $D = \{(x,y)|0\leqq x\leqq 2,\ 0\leqq y\leqq x\}$ と表される．$\frac{\partial \boldsymbol{r}}{\partial x} = \boldsymbol{i}+x\,\boldsymbol{k}$, $\frac{\partial \boldsymbol{r}}{\partial y} = \boldsymbol{j}$ であるから，$\frac{\partial \boldsymbol{r}}{\partial x}\times\frac{\partial \boldsymbol{r}}{\partial y} = -x\,\boldsymbol{i}+\boldsymbol{k}$ となる．

$\left|\frac{\partial \boldsymbol{r}}{\partial x}\times\frac{\partial \boldsymbol{r}}{\partial y}\right| = \sqrt{x^2+1}$ となるので，

$$\sigma = \iint_D \sqrt{x^2+1}\,dxdy$$
$$= \int_0^2\left\{\int_0^x\sqrt{x^2+1}\,dy\right\}dx$$
$$= \int_0^2 x\sqrt{x^2+1}\,dx = \frac{5\sqrt{5}-1}{3}$$

(3) $\frac{\partial \boldsymbol{r}}{\partial u} = \cos u\cos v\,\boldsymbol{i}+\cos u\sin v\,\boldsymbol{j}-\sin u\,\boldsymbol{k}$, $\frac{\partial \boldsymbol{r}}{\partial v} = -\sin u\sin v\,\boldsymbol{i}+\sin u\cos v\,\boldsymbol{j}$,

$\frac{\partial \boldsymbol{r}}{\partial u}\times\frac{\partial \boldsymbol{r}}{\partial v} = \sin^2 u\cos v\,\boldsymbol{i}+\sin^2 u\sin v\,\boldsymbol{j}+\cos u\sin u\,\boldsymbol{k}$ となるので，$\left|\frac{\partial \boldsymbol{r}}{\partial u}\times\frac{\partial \boldsymbol{r}}{\partial v}\right| = |\sin u|$ となる．$D = \left\{(u,v)\middle| 0\leqq u\leqq\frac{\pi}{3},\ 0\leqq v\leqq\frac{\pi}{4}\right\}$ とすると，求める面積は，

$$\sigma = \iint_D |\sin u|\,dudv$$
$$= \int_0^{\frac{\pi}{3}}\left\{\int_0^{\frac{\pi}{4}}\sin u\,dv\right\}du$$
$$= \frac{\pi}{4}\int_0^{\frac{\pi}{3}}\sin u\,du = \frac{\pi}{8}$$

3.25 (1) $\frac{\partial \boldsymbol{r}}{\partial u} = -v\sin u\,\boldsymbol{i}+v\cos u\,\boldsymbol{j}$,

$\frac{\partial \boldsymbol{r}}{\partial v} = \cos u\,\boldsymbol{i}+\sin u\,\boldsymbol{j}-2v\,\boldsymbol{k}$,

$\frac{\partial \boldsymbol{r}}{\partial u}\times\frac{\partial \boldsymbol{r}}{\partial v} = -2v^2\cos u\,\boldsymbol{i}-2v^2\sin u\,\boldsymbol{j}-v\,\boldsymbol{k}$,

$\left|\frac{\partial \boldsymbol{r}}{\partial u}\times\frac{\partial \boldsymbol{r}}{\partial v}\right| = v\sqrt{4v^2+1}$

したがって求める面積は，$4v^2+1=t$ とすると，

$$\int_0^{2\pi}\left\{\int_0^1 v\sqrt{4v^2+1}\,dv\right\}du$$

$$= \int_0^{2\pi} \left\{ \int_1^{\sqrt{5}} \frac{1}{8}\sqrt{t}\,dt \right\} du = \frac{5\sqrt{5}-1}{6}\pi$$

(2) $\dfrac{\partial \boldsymbol{r}}{\partial u} \times \dfrac{\partial \boldsymbol{r}}{\partial v}$ は内向きとなるので，$\mathrm{D} = \{(u,v)|0 \leqq u \leqq 2\pi, 0 \leqq v \leqq 1\}$ とすると，求める面積分は，

$$\int_{\mathrm{S}} \boldsymbol{a}\cdot d\boldsymbol{S} = -\iint_{\mathrm{D}} \boldsymbol{a}\cdot\left(\frac{\partial \boldsymbol{r}}{\partial u} \times \frac{\partial \boldsymbol{r}}{\partial v}\right) dudv$$
$$= \int_0^{2\pi} \left\{ \int_0^1 (v+2v^3-2v^5)dv \right\} du$$
$$= \int_0^{2\pi} \frac{2}{3} du = \frac{4\pi}{3}$$

3.26 (1) $\dfrac{\partial \boldsymbol{r}}{\partial u} = -v\sin u\,\boldsymbol{i} + v\cos u\,\boldsymbol{j}$, $\dfrac{\partial \boldsymbol{r}}{\partial v} = \cos u\,\boldsymbol{i}+\sin u\,\boldsymbol{j}+\boldsymbol{k}$ であるから，$\dfrac{\partial \boldsymbol{r}}{\partial u} \times \dfrac{\partial \boldsymbol{r}}{\partial v} = v\cos u\,\boldsymbol{i}+v\sin u\,\boldsymbol{j}-v\,\boldsymbol{k}$ で，$\left|\dfrac{\partial \boldsymbol{r}}{\partial u} \times \dfrac{\partial \boldsymbol{r}}{\partial v}\right| = \sqrt{2v^2} = \sqrt{2}v$ となる．よって，外向きの単位法線ベクトルは，$\dfrac{1}{\sqrt{2}}\cos u\,\boldsymbol{i}+\dfrac{1}{\sqrt{2}}\sin u\,\boldsymbol{j}-\dfrac{1}{\sqrt{2}}\boldsymbol{k}$ である．

(2) $\displaystyle\int_{\mathrm{S}} \boldsymbol{a}\cdot d\boldsymbol{S}$

$$= \iint_{\mathrm{D}} (x^2 v\cos u + y^2 v\sin u - z^2 v)\,dudv$$
$$= \int_0^2 \left\{ \int_0^{\frac{\pi}{2}} (\cos^3 u + \sin^3 u - 1)v^3\,du \right\} dv$$
$$= \int_0^2 \left(\frac{4}{3} - \frac{\pi}{2}\right) v^3\,dv = \frac{16}{3} - 2\pi$$

3.27 平面は $\boldsymbol{r} = x\,\boldsymbol{i}+y\,\boldsymbol{j}+(6-3x-2y)\boldsymbol{k}$，定義域は $\mathrm{D} = \left\{(x,y)\,\middle|\, 0 \leqq x \leqq 2,\ 0 \leqq y \leqq 3-\dfrac{3x}{2}\right\}$ と表される．$\dfrac{\partial \boldsymbol{r}}{\partial x} = \boldsymbol{i}-3\boldsymbol{k}$, $\dfrac{\partial \boldsymbol{r}}{\partial y} = \boldsymbol{j}-2\boldsymbol{k}$ であるから，$\dfrac{\partial \boldsymbol{r}}{\partial x} \times \dfrac{\partial \boldsymbol{r}}{\partial y} = 3\boldsymbol{i}+2\boldsymbol{j}+\boldsymbol{k}$ となる．$\dfrac{\partial \boldsymbol{r}}{\partial x} \times \dfrac{\partial \boldsymbol{r}}{\partial y}$ は外向きとなるので，求める線積分は，

$$\int_{\mathrm{S}} \boldsymbol{a}\cdot d\boldsymbol{S}$$
$$= \iint_{\mathrm{D}} \left(3y^2 + 2z^2 + x^2\right) dxdy$$
$$= \int_0^2 \left\{ \int_0^{3-\frac{3x}{2}} \left\{3y^2 + 2(6-3x-2y)^2 + x^2\right\} dy \right\} dx$$
$$= \int_0^2 \left\{ \left(3-\frac{3x}{2}\right)^3 + 3x^2 - \frac{3x^3}{2} + \frac{1}{3}(6-3x)^3 \right\} dx$$
$$= \left[-\frac{1}{6}\left(3-\frac{3x}{2}\right)^4 + x^3 - \frac{3x^4}{8} - \frac{1}{36}(6-3x)^4 \right]_0^2 = \frac{103}{2}$$

第4節　ガウスの発散定理とストークスの定理

4.1 $\mathrm{D} = \left\{(x,y)|x^2+y^2 \leqq 1\right\}$ とすると，

$$\int_{\mathrm{V}} \varphi\,d\omega = \iint_{\mathrm{D}} \left\{ \int_0^1 (x^2+y^2)\,dz \right\} dxdy$$
$$= \iint_{\mathrm{D}} (x^2+y^2)\,dxdy = \int_0^{2\pi} \left\{ \int_0^1 r^2\cdot r\,dr \right\} d\theta$$
$$= \frac{\pi}{2}$$

4.2 S およびその内部を V とする．$\displaystyle\int_{\mathrm{S}} \boldsymbol{a}\cdot d\boldsymbol{S} = \int_{\mathrm{V}} (\mathrm{div}\,\boldsymbol{a})\,d\omega = \int_{\mathrm{V}} 9\,d\omega = 9\cdot\frac{4\pi}{3} = 12\pi$

4.3 1 辺 2 cm の立方体を V とする．$\displaystyle U = \int_{\mathrm{V}} (\mathrm{div}\,\boldsymbol{a})\,d\omega = 9\cdot 2^3 = 72$

4.4 (1) S_1 は $\boldsymbol{r} = x\,\boldsymbol{i}+y\,\boldsymbol{j}+(4-x^2-y^2)\,\boldsymbol{k}$（定義域は S_2）と表され，$\dfrac{\partial \boldsymbol{r}}{\partial x} \times \dfrac{\partial \boldsymbol{r}}{\partial y} = 2x\,\boldsymbol{i}+2y\,\boldsymbol{j}+\boldsymbol{k}$ であるので，$\displaystyle\int_{\mathrm{S}_1} \boldsymbol{a}\cdot d\boldsymbol{S} = \iint_{\mathrm{S}_2} (2x^2+2y^2)\,dxdy = 16\pi$.

また，S_2 を $\boldsymbol{r} = u\cos v\,\boldsymbol{i}+u\sin v\,\boldsymbol{j}$ $(0 \leqq u \leqq 2,\ 0 \leqq v \leqq 2\pi)$ と表すと，$\dfrac{\partial \boldsymbol{r}}{\partial u} \times \dfrac{\partial \boldsymbol{r}}{\partial v} = u\,\boldsymbol{k}$ であるので，$\displaystyle\int_{\mathrm{S}_2} \boldsymbol{a}\cdot d\boldsymbol{S} = 0$.

$$\int_{\mathrm{S}} \boldsymbol{a}\cdot d\boldsymbol{S} = \int_{\mathrm{S}_1} \boldsymbol{a}\cdot d\boldsymbol{S} + \int_{\mathrm{S}_2} \boldsymbol{a}\cdot d\boldsymbol{S} = 16\pi$$

(2) $x = r\cos\theta$, $y = r\sin\theta$ とすると，

$$\int_{\mathrm{V}} (\mathrm{div}\,\boldsymbol{a})\,d\omega$$
$$= 2\iint_{\mathrm{S}_2} \left\{ \int_0^{4-x^2-y^2} dz \right\} dxdy$$

$$= 2\iint_{S_2} (4 - x^2 - y^2)\,dxdy$$

$$= 2\int_0^{2\pi} \left\{\int_0^2 (4 - r^2) r dr\right\} d\theta = 16\pi$$

よって，ガウスの発散定理が成り立つ．

4.5 三角形 PQR を S とすると，S は $\boldsymbol{r} = x\boldsymbol{i} + y\boldsymbol{j} + (4 - 4x - 2y)\boldsymbol{k}$ $(0 \leqq x \leqq 1,\ 0 \leqq y \leqq 2 - 2x)$ となる．S の向きを，法線ベクトルのうち z 成分が正のものが外向きであるように定めると，$\int_C \boldsymbol{a}\cdot d\boldsymbol{r} = \int_S (\mathrm{rot}\,\boldsymbol{a})\cdot d\boldsymbol{S} = \int_0^1 \left\{\int_0^{2-2x} (4 - 2x)\,dy\right\} dx = \int_0^1 (8 - 12x + 4x^2) dx = \dfrac{10}{3}$ となる．

4.6 曲面 S を $\boldsymbol{r} = u\sin v\,\boldsymbol{i} + u\cos v\,\boldsymbol{k}$ $(0 \leqq u \leqq 1,\ 0 \leqq v \leqq 2\pi)$ とすると，$\dfrac{\partial \boldsymbol{r}}{\partial u} \times \dfrac{\partial \boldsymbol{r}}{\partial v} = u\boldsymbol{j}$．S の向きを y 成分が正の法線ベクトルが外向きであるように定める．$\mathrm{rot}\,\boldsymbol{a} = \boldsymbol{i} + \boldsymbol{j} + \boldsymbol{k}$ であるから，$W = \int_S \boldsymbol{a}\cdot d\boldsymbol{S} = \int_0^{2\pi} \left\{\int_0^1 u\,du\right\} dv = \pi$ [J] となる．

4.7 (1) C を $\boldsymbol{r} = \cos t\,\boldsymbol{i} + \sin t\,\boldsymbol{j}$ $(0 \leqq t \leqq 2\pi)$ と表す．$\boldsymbol{a} = -\sin t\,\boldsymbol{i} + \cos t\,\boldsymbol{j}$ となるので，$\int_C \boldsymbol{a}\cdot d\boldsymbol{r} = \int_0^{2\pi} (\sin^2 t + \cos^2 t)\,dt = 2\pi$ である．

(2) $\mathrm{rot}\,\boldsymbol{a} = 2\boldsymbol{k}$，$\dfrac{\partial \boldsymbol{r}}{\partial u} \times \dfrac{\partial \boldsymbol{r}}{\partial v} = u\cos v\,\boldsymbol{i} + u\sin v\,\boldsymbol{j} + u\boldsymbol{k}$ であるので，$\int_S (\mathrm{rot}\,\boldsymbol{a})\cdot d\boldsymbol{S} = \int_0^{2\pi} \left\{\int_0^1 2u\,du\right\} dv = 2\pi$ となる．

よって，ストークスの定理が成り立つ．

4.8 $S_z = \left\{(x, y) | x^2 + y^2 \leqq z\right\}$ $(0 \leqq z \leqq 4)$ として，$x = r\cos\theta$, $y = r\sin\theta$ と変数変換すると，$S_z = \{(r, \theta) | 0 \leqq r \leqq \sqrt{z},\ 0 \leqq \theta \leqq 2\pi\}$ となる．

$$\int_V (2x^2 - y^2)\,d\omega$$

$$= \int_0^4 \left\{\iint_{S_z} (2x^2 - y^2)\,dxdy\right\} dz$$

$$= \int_0^4 \left\{\int_0^{2\pi} \left\{\int_0^{\sqrt{z}} (2r^2\cos^2\theta - r^2\sin^2\theta) r\,dr\right\} d\theta\right\} dz$$

$$= \int_0^{2\pi} (2\cos^2\theta - \sin^2\theta)\,d\theta \cdot \int_0^4 \left\{\int_0^{\sqrt{z}} r^3\,dr\right\} dz$$

$$= \left(2\cdot 4\cdot \frac{1}{2}\cdot\frac{\pi}{2} - 4\cdot\frac{1}{2}\cdot\frac{\pi}{2}\right)\int_0^4 \frac{z^2}{4}\,dz$$

$$= \frac{16}{3}\pi$$

4.9 $V = \left\{(x, y, z)\ |\ 0 \leqq x \leqq 6 - 3y - 2z,\ 0 \leqq y \leqq 2 - \dfrac{2z}{3},\ 0 \leqq z \leqq 3\right\}$ となる．$\mathrm{div}\,\boldsymbol{a} = 3 + 2 + 1 = 6$ であるから，ガウスの発散定理より，

$$\int_S \boldsymbol{a}\cdot d\boldsymbol{S} = \int_V (\mathrm{div}\,\boldsymbol{a})\,d\omega$$

$$= 6\int_0^3 \left\{\int_0^{2-\frac{2z}{3}} \left\{\int_0^{6-3y-2z} dx\right\} dy\right\} dz$$

$$= 6\int_0^3 \left\{\int_0^{2-\frac{2z}{3}} (6 - 3y - 2z)\,dy\right\} dz$$

$$= 6\int_0^3 \left\{4(3-z) - 6\left(1 - \frac{z}{3}\right)^2 - 4z + \frac{4z^2}{3}\right\} dz$$

$$= 6\left[-2(3-z)^2 + 6\left(1 - \frac{z}{3}\right)^3 - 2z^2 + \frac{4z^3}{9}\right]_0^3$$

$$= 36$$

> **[note]** V は底面積 $\dfrac{1}{2}\cdot 2\cdot 6 = 6$，高さ 3 の三角錐であるので，$\int_V (\mathrm{div}\,\boldsymbol{a})\,d\omega = 6\int_V d\omega = 6\cdot\dfrac{1}{3}\cdot 6\cdot 3 = 36$ としてもよい．

4.10 (1) $\mathrm{div}\,\boldsymbol{a} = 3(x^2 + y^2 + z^2)$ であるから，$\int_V (\mathrm{div}\,\boldsymbol{a})\,d\omega = 3\int_V (x^2 + y^2 + z^2)\,d\omega$ である．$S_z = \{(x, y) | x^2 + y^2 \leqq z^2\}$ とし，$x = r\cos\theta$, $y = r\sin\theta$ と変数変換すると，$S_z = \{(r, \theta) | 0 \leqq r \leqq z, 0 \leqq \theta \leqq 2\pi\}$ となる．

$$\int_V (\mathrm{div}\,\boldsymbol{a})\,d\omega$$

$$= 3\int_0^2 \left\{ \iint_{S_z} (x^2+y^2+z^2)\,dxdy \right\} dz$$
$$= 3\int_0^2 \left\{ \int_0^{2\pi} \left\{ \int_0^z (r^2+z^2) r\,dr \right\} d\theta \right\} dz$$
$$= 6\pi \int_0^2 \frac{3z^4}{4}\,dz = \frac{144}{5}\pi$$

(2) S_1 は，$\boldsymbol{r}_1 = v\cos u\,\boldsymbol{i} + v\sin u\,\boldsymbol{j} + v\,\boldsymbol{k}$ $(0 \leqq u \leqq 2\pi,\ 0 \leqq v \leqq 2)$ と表される．$\dfrac{\partial \boldsymbol{r}_1}{\partial u} \times \dfrac{\partial \boldsymbol{r}_1}{\partial v} = v\cos u\,\boldsymbol{i} + v\sin u\,\boldsymbol{j} + v\,\boldsymbol{k}$ は外向きとなる．$\boldsymbol{a} = v^3\cos^3 u\,\boldsymbol{i} + v^3\sin^3 u\,\boldsymbol{j} + v^3\,\boldsymbol{k}$ であるから，

$$\int_{S_1} \boldsymbol{a}\cdot d\boldsymbol{S}_1$$
$$= \int_0^{2\pi} \left\{ \int_0^2 v^4(\cos^4 u + \sin^4 u - 1)\,dv \right\} du$$
$$= \int_0^{2\pi} \left\{ \int_0^2 \frac{v^4}{4}(\cos 4u - 1)\,dv \right\} du$$
$$= \int_0^{2\pi} \left(\frac{8}{5}\cos 4u - 1 \right) du$$
$$= -\frac{16}{5}\pi$$

(3) S_2 は，$\boldsymbol{r}_2 = v\cos u\,\boldsymbol{i} + v\sin u\,\boldsymbol{j} + 2\boldsymbol{k}$ $(0 \leqq u \leqq 2\pi,\ 0 \leqq v \leqq 2)$ と表される．$\dfrac{\partial \boldsymbol{r}_2}{\partial u} \times \dfrac{\partial \boldsymbol{r}_2}{\partial v} = -v\,\boldsymbol{k}$ は内向きとなる．したがって，

$$\int_{S_2} \boldsymbol{a}\cdot d\boldsymbol{S}_2 = \int_0^{2\pi} \left\{ \int_0^2 8v\,dv \right\} du$$
$$= \int_0^{2\pi} 16\,du = 8\cdot 2\pi\cdot 2 = 32\pi$$

(4) $\displaystyle\int_S \boldsymbol{a}\cdot d\boldsymbol{S} = \int_{S_1} \boldsymbol{a}\cdot d\boldsymbol{S}_1 + \int_{S_2} \boldsymbol{a}\cdot d\boldsymbol{S}_2$
$$= -\frac{16}{5}\pi + 32\pi = \frac{144}{5}\pi$$

したがって，$\displaystyle\int_V (\mathrm{div}\,\boldsymbol{a})\,d\omega = \int_S \boldsymbol{a}\cdot d\boldsymbol{S}$ が成り立つ．

4.11 (1) C は $\boldsymbol{r} = \cos t\,\boldsymbol{i} + \sin t\,\boldsymbol{j}$ $(0 \leqq t \leqq 2\pi)$ と表されるので，

$$\int_C P\,dx = \int_0^{2\pi} P\frac{dx}{dt}\,dt$$
$$= \int_0^{2\pi} (\cos t + \sin t)\cdot(-\sin t)\,dt$$
$$= -4\int_0^{\frac{\pi}{2}} \sin^2 t\,dt = -4\cdot\frac{1}{2}\cdot\frac{\pi}{2}$$
$$= -\pi$$

$$\int_C Q\,dy = \int_0^{2\pi} Q\frac{dy}{dt}\,dt$$
$$= \int_0^{2\pi} (2\cos t + \sin^2 t)\cdot\cos t\,dt$$
$$= 2\cdot 4\int_0^{\frac{\pi}{2}} \cos^2 t\,dt = 8\cdot\frac{1}{2}\cdot\frac{\pi}{2}$$
$$= 2\pi$$

したがって，$\displaystyle\int_C P\,dx + \int_C Q\,dy = \pi$

(2) $\dfrac{\partial Q}{\partial x} - \dfrac{\partial P}{\partial y} = 2 - 1 = 1$

(3) 極座標を使って, $D = \{(r,\theta)|0 \leqq r \leqq 1,\ 0 \leqq \theta \leqq 2\pi\}$ と表されるので，

$$\iint_D \left(\frac{\partial Q}{\partial x} - \frac{\partial P}{\partial y} \right) dxdy$$
$$= \int_0^{2\pi}\int_0^1 r\,drd\theta = \int_0^{2\pi} \frac{1}{2}\,d\theta = \pi$$

となる．したがって，

$$\int_C P\,dx + \int_C Q\,dy$$
$$= \iint_D \left(\frac{\partial Q}{\partial x} - \frac{\partial P}{\partial y} \right) dxdy$$ が成り立つ．

4.12 C の内部の領域を D とすると，$D = \{(x,y)|0 \leqq x \leqq 1,\ 0 \leqq y \leqq x\}$ と表される．$\boldsymbol{a} = (x^2 - y^2)\,\boldsymbol{i} + 2xy\,\boldsymbol{j}$ とすると，$\dfrac{\partial a_y}{\partial x} - \dfrac{\partial a_x}{\partial y} = 2y - (-2y) = 4y$ となるので，グリーンの定理より，

$$\int_C (x^2 - y^2)\,dx + \int_C 2xy\,dy = \iint_D 4y\,dxdy$$
$$= \int_0^1 \left\{ \int_0^x 4y\,dy \right\} dx = \int_0^1 2x^2\,dx = \frac{2}{3}$$

4.13 S は $\boldsymbol{r} = x\,\boldsymbol{i} + y\,\boldsymbol{j} + (1+2x)\,\boldsymbol{k}$ $(x^2 + y^2 \leqq 1)$ と表される．$\dfrac{\partial \boldsymbol{r}}{\partial x} \times \dfrac{\partial \boldsymbol{r}}{\partial y} = -2\boldsymbol{i} + \boldsymbol{k}$ は外向きで，$\mathrm{rot}\,\boldsymbol{a} = (1+2y)\,\boldsymbol{k}$ となるので，$D = \{(x,y)|x^2 + y^2 \leqq 1\}$ とすると，$\displaystyle\int_C \boldsymbol{a}\cdot d\boldsymbol{r} = \int_S (\mathrm{rot}\,\boldsymbol{a})\cdot d\boldsymbol{S} = \iint_D (1+2y)\,dxdy$ である．$x = r\cos\theta$, $y = r\sin\theta$ とすると，$\displaystyle\iint_D (1+2y)\,dxdy =$

$$\int_0^{2\pi}\left\{\int_0^1 r(1+2r\sin\theta)\,dr\right\}d\theta=\int_0^{2\pi}\left(\frac{1}{2}+\frac{2}{3}\sin\theta\right)d\theta=\pi$$ となる.

C 問題

1 ∇f

$$=\frac{\nabla(xyz)\cdot(x^2+y^2+z^2)-xyz\cdot\nabla(x^2+y^2+z^2)}{(x^2+y^2+z^2)^2}$$

ここで,

$$\text{分子}=(x^2+y^2+z^2)\{yz\boldsymbol{i}+zx\boldsymbol{j}+xy\boldsymbol{k}\}-(xyz)(2x\boldsymbol{i}+2y\boldsymbol{j}+2z\boldsymbol{k})$$
$$=(-x^2+y^2+z^2)yz\boldsymbol{i}+(x^2-y^2+z^2)zx\boldsymbol{j}+(x^2+y^2-z^2)xy\boldsymbol{k}$$

したがって, P(1,−1,2) において,

$$\nabla f=\frac{1}{18}(-4\boldsymbol{i}+4\boldsymbol{j}+\boldsymbol{k})$$

2 (1) $\operatorname{rot}\boldsymbol{b}=x\,\boldsymbol{i}+(-y+2z)\,\boldsymbol{j}+(-1-2y)\,\boldsymbol{k}$ であるから, 点 P(2, −1, 1) において, $\boldsymbol{a}=-3\boldsymbol{i}-\boldsymbol{j}+2\boldsymbol{k}$, $\operatorname{rot}\boldsymbol{b}=2\boldsymbol{i}+3\boldsymbol{j}+\boldsymbol{k}$ となる. $\cos\theta=\dfrac{\boldsymbol{a}\cdot\operatorname{rot}\boldsymbol{b}}{|\boldsymbol{a}||\operatorname{rot}\boldsymbol{b}|}=\dfrac{-7}{\sqrt{14}\sqrt{14}}=-\dfrac{1}{2}$ であるから, $\theta=\dfrac{2\pi}{3}$ となる.

(2) 点 P(2, −1, 1) における $\boldsymbol{a}$ は, $\boldsymbol{a}=-3\boldsymbol{i}-\boldsymbol{j}+2\boldsymbol{k}$ となるから,

$$\boldsymbol{a}\times\nabla=\begin{vmatrix}\boldsymbol{i} & -3 & \dfrac{\partial}{\partial x}\\ \boldsymbol{j} & -1 & \dfrac{\partial}{\partial y}\\ \boldsymbol{k} & 2 & \dfrac{\partial}{\partial z}\end{vmatrix}$$
$$=\left(-\frac{\partial}{\partial z}-2\frac{\partial}{\partial y}\right)\boldsymbol{i}-\left(-3\frac{\partial}{\partial z}-2\frac{\partial}{\partial x}\right)\boldsymbol{j}+\left(-3\frac{\partial}{\partial y}+\frac{\partial}{\partial x}\right)\boldsymbol{k},$$

$$(\boldsymbol{a}\times\nabla)\cdot\boldsymbol{b}=\left(-\frac{\partial}{\partial z}-2\frac{\partial}{\partial y}\right)(y^2+z^2)+\left(3\frac{\partial}{\partial z}+2\frac{\partial}{\partial x}\right)(-x)+\left(-3\frac{\partial}{\partial y}+\frac{\partial}{\partial x}\right)(xy)$$
$$=-2z-4y-2-3x+y$$
$$=-3x-3y-2z-2$$

となる. P(2, −1, 1) における $(\boldsymbol{a}\times\nabla)\cdot\boldsymbol{b}$ の値は, $-6+3-2-2=-7$ となる.

3 (1) 領域 R は図のようになる.

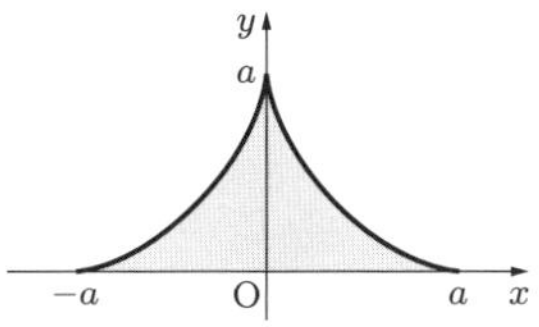

求める面積は,

$$2\int_0^a y\,dx$$
$$=-2\int_{\frac{\pi}{2}}^0 a\sin^3 t\cdot 3a\sin t\cos^2 t\,dt$$
$$=6a^2\int_0^{\frac{\pi}{2}}(\sin^4 t-\sin^6 t)\,dt$$
$$=6a^2\left(\frac{3}{4}\cdot\frac{1}{2}\cdot\frac{\pi}{2}-\frac{5}{6}\cdot\frac{3}{4}\cdot\frac{1}{2}\cdot\frac{\pi}{2}\right)$$
$$=\frac{3\pi a^2}{16}$$

(2) 点 $(-a,0)$ から点 $(a,0)$ に向かう線分を C_1 とすると, $\mathrm{C}'=\mathrm{C}_1+\mathrm{C}$ は, 領域 R の境界になる.

$P=3y$, $Q=-x$ とおくと, グリーンの定理より,

$$\int_{\mathrm{C}'}(3y\,dx-x\,dy)$$
$$=\int_{\mathrm{C}'}(P\,dx+Q\,dy)$$
$$=\iint_{\mathrm{R}}\left(\frac{\partial Q}{\partial x}-\frac{\partial P}{\partial y}\right)dxdy$$
$$=\iint_{\mathrm{R}}(-1-3)\,dxdy$$
$$=-4\cdot\frac{3\pi a^2}{16}=-\frac{3\pi a^2}{4}$$

一方, C_1 において, $x=t\ (-a\leqq t\leqq a)$, $y=0$, $dx=1\cdot dt$, $dy=0\cdot dt$ であるから, $\displaystyle\int_{\mathrm{C}_1}(3y\,dx-x\,dy)=\int_{-a}^a(0\cdot1-t\cdot0)\,dt=0.$

$\displaystyle\int_{\mathrm{C}'}(3y\,dx-x\,dy)=\int_{\mathrm{C}}(3y\,dx-x\,dy)+\int_{\mathrm{C}_1}(3y\,dx-x\,dy)$ であるので, $\displaystyle\int_{\mathrm{C}}(3y\,dx-x\,dy)=-\frac{3\pi a^2}{4}$ となる.

4 (1) $\boldsymbol{r}=x\boldsymbol{i}+y\boldsymbol{j}+z\boldsymbol{k}$ とおくと, $\operatorname{div}\boldsymbol{r}=1+1+1=3$. ガウスの発散定理より,

$\int_{\mathrm{V}} \operatorname{div} \boldsymbol{r}\, dV = \iint_{\mathrm{S}} \boldsymbol{r} \cdot d\boldsymbol{S}$ が成り立つ．ここで，左辺 $= \int_{\mathrm{V}} 3\, dV = 3V$ であるから，$V = \dfrac{1}{3} \iint_{\mathrm{S}} \boldsymbol{r} \cdot d\boldsymbol{S}$ となる．

(2) P が $(0, 0, \pm b)$ 以外の点であるとき，$\mathrm{AP} = \mathrm{AB} = a\cos\theta$, $\angle\mathrm{BAP} = \phi$ であるので，$\overrightarrow{\mathrm{AP}} = a\cos\theta\cos\phi\,\boldsymbol{i} + a\cos\theta\sin\phi\,\boldsymbol{j}$, $\overrightarrow{\mathrm{OA}} = b\sin\theta\,\boldsymbol{k}$. したがって，

$$\boldsymbol{r} = a\cos\theta\cos\phi\,\boldsymbol{i} + a\sin\theta\sin\phi\,\boldsymbol{j} + b\sin\theta\,\boldsymbol{k} \quad \cdots ①$$

となる．P が $(0, 0, \pm b)$ であるとき，$\theta = \pm\dfrac{\pi}{2}$（複号同順），$\phi = 0$ であるので，この場合も①に含まれる．

(3) $\dfrac{\partial \boldsymbol{r}}{\partial \phi} = -a\cos\theta\sin\phi\,\boldsymbol{i} - a\cos\theta\cos\phi\,\boldsymbol{j}$, $\dfrac{\partial \boldsymbol{r}}{\partial \theta} = -a\sin\theta\cos\phi\,\boldsymbol{i} - a\sin\theta\sin\phi\,\boldsymbol{j} + b\cos\theta\,\boldsymbol{k}$. これより，ベクトル面積素は

$$\begin{aligned}
d\boldsymbol{S} &= \frac{\partial \boldsymbol{r}}{\partial \phi} \times \frac{\partial \boldsymbol{r}}{\partial \theta}\, d\phi\, d\theta \\
&= \Big\{ab\cos^2\theta\cos\phi\,\boldsymbol{i} + ab\cos^2\theta\sin\phi\,\boldsymbol{j} \\
&\qquad + (a^2\sin\theta\cos\theta\cos^2\phi \\
&\qquad + a^2\sin\theta\cos\theta\sin^2\phi)\,\boldsymbol{k}\Big\}\, d\phi\, d\theta \\
&= (ab\cos^2\theta\cos\phi\,\boldsymbol{i} + ab\cos^2\theta\sin\phi\,\boldsymbol{j} \\
&\qquad + a^2\sin\theta\cos\theta\,\boldsymbol{k})\, d\phi\, d\theta
\end{aligned}$$

また，$\left|\dfrac{\partial \boldsymbol{r}}{\partial \phi} \times \dfrac{\partial \boldsymbol{r}}{\partial \theta}\right|^2$

$$\begin{aligned}
&= (a^2b^2\cos^4\theta\cos^2\phi + a^2b^2\cos^4\theta\sin^2\phi \\
&\qquad + a^4\sin^2\theta\cos^2\theta) \\
&= a^2\cos^2\theta(b^2\cos^2\theta + a^2\sin^2\theta)
\end{aligned}$$

より，面積素は

$$\begin{aligned}
dS &= |d\boldsymbol{S}| \\
&= a\cos\theta\sqrt{(a^2 - b^2)\sin^2\theta + b^2}\, d\phi\, d\theta
\end{aligned}$$

(4) 表面積は，

$$S = \int_{\mathrm{S}} dS$$

$$= 2\int_0^{\frac{\pi}{2}} \left\{\int_0^{2\pi} a\cos\theta\sqrt{(a^2-b^2)\sin^2\theta + b^2}\, d\phi\right\} d\theta$$

となる．ここで，$a > b$ より，$a^2 - b^2 > 0$ である．$\sqrt{a^2 - b^2} = p$ とし，$p\sin\theta = t$ とおくと，

$$\begin{aligned}
S &= 4\pi a \int_0^p \sqrt{t^2 + b^2} \cdot \frac{1}{p}\, dt \\
&= \frac{4\pi a}{p}\,\frac{1}{2}\left[t\sqrt{t^2 + b^2} \right.\\
&\qquad \left. + b^2 \log\left|t + \sqrt{t^2 + b^2}\right|\right]_0^p \\
&= \frac{2\pi a}{p}\Big(p\sqrt{p^2 + b^2} \\
&\qquad + b^2\log\left|p + \sqrt{p^2 + b^2}\right| - b^2\log b\Big) \\
&= \frac{a}{\sqrt{a^2 - b^2}}\Big(a\sqrt{a^2 - b^2} \\
&\qquad + b^2 \log\frac{a + \sqrt{a^2 - b^2}}{b}\Big)
\end{aligned}$$

(5) $\boldsymbol{r} \cdot d\boldsymbol{S}$

$$\begin{aligned}
&= (a^2b\cos^3\theta\cos^2\phi + a^2b\cos^3\theta\sin^2\phi \\
&\qquad + a^2b\sin^2\theta\cos\theta)\, d\phi\, d\theta \\
&= (a^2b\cos^3\theta + a^2b\sin^2\theta\cos\theta)\, d\phi\, d\theta \\
&= a^2b\cos\theta\, d\phi\, d\theta
\end{aligned}$$

したがって，

$$\begin{aligned}
V &= \frac{1}{3}\int_{\mathrm{S}} \boldsymbol{r} \cdot d\boldsymbol{S} \\
&= \frac{1}{3} \cdot 2\int_0^{\frac{\pi}{2}} \left\{\int_0^{2\pi} a^2b\cos\theta\, d\phi\right\} d\theta \\
&= \frac{2}{3}\int_0^{\frac{\pi}{2}} 2\pi a^2b\cos\theta\, d\theta = \frac{4\pi}{3}a^2b
\end{aligned}$$

第 2 章　複素関数論

第 1 節　複素数

1.1　(1) $3+4i$　(2) $5-6i$　(3) $1+21i$　(4) $-\dfrac{9}{26} - \dfrac{19}{26}i$

1.2　(1) -3　(2) 34　(3) $6+4i$　(4) $-4+i$

1.3

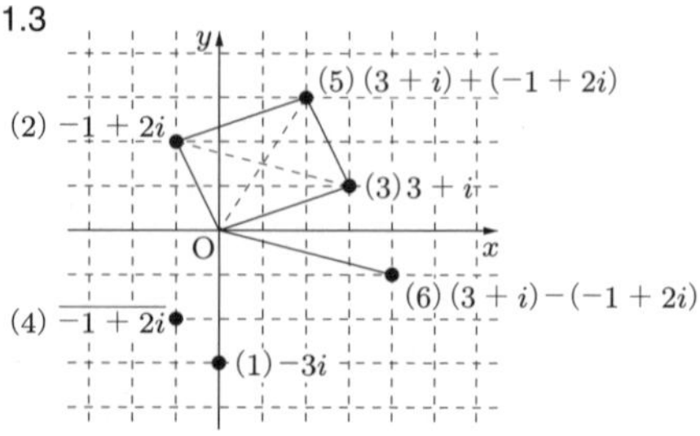

1.4 (1) $\sqrt{2}$ (2) $\sqrt{17}$ (3) 7 (4) $\sqrt{5}$

1.5 $\dfrac{1}{z} = \dfrac{1}{a+bi} = \dfrac{a-bi}{(a+bi)(a-bi)}$

$$= \frac{a-bi}{a^2+b^2} = \frac{\overline{z}}{|z|^2}$$

1.6 (1)

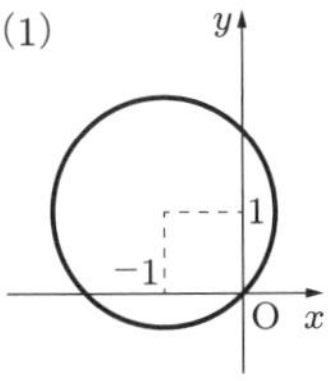

(2)

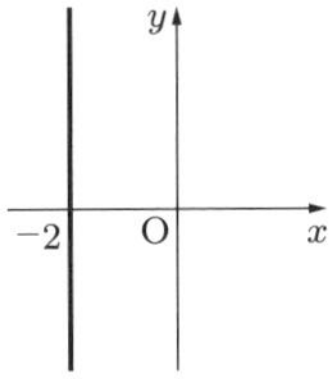

(3)

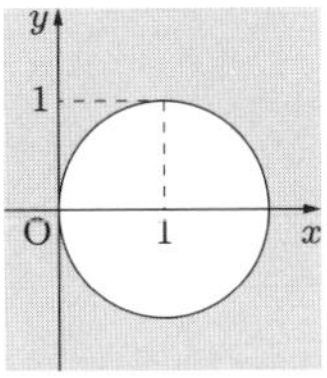

(境界は含まない)

1.7 (1) $\arg z = \dfrac{\pi}{4}$ (2) $\arg z = \pi$

(3) $\arg z = \dfrac{3}{2}\pi$

1.8 (1) $2\left(\cos\dfrac{5\pi}{3} + i\sin\dfrac{5\pi}{3}\right)$

(2) $\sqrt{2}\left(\cos\dfrac{\pi}{4} + i\sin\dfrac{\pi}{4}\right)$

(3) $4(\cos 0 + i\sin 0)$

(4) $5\left(\cos\dfrac{3\pi}{2} + i\sin\dfrac{3\pi}{2}\right)$

1.9 (1) $2\left(\cos\dfrac{5\pi}{6} + i\sin\dfrac{5\pi}{6}\right)$

(2) $\sqrt{2}\left(\cos\dfrac{\pi}{4} + i\sin\dfrac{\pi}{4}\right)$

(3) $2\sqrt{2}\left(\cos\dfrac{13\pi}{12} + i\sin\dfrac{13\pi}{12}\right)$

(4) $\sqrt{2}\left(\cos\dfrac{7\pi}{12} + i\sin\dfrac{7\pi}{12}\right)$

1.10 (1) $(1+i)^5$

$$= \left\{\sqrt{2}\left(\cos\frac{\pi}{4} + i\sin\frac{\pi}{4}\right)\right\}^5$$

$$= 4\sqrt{2}\left(\cos\frac{5\pi}{4} + i\sin\frac{5\pi}{4}\right)$$

$$= -4-4i$$

(2) $\left(\sqrt{3}-i\right)^3$

$$= \left\{2\left(\cos\frac{11\pi}{6} + i\sin\frac{11\pi}{6}\right)\right\}^3$$

$$= 8\left(\cos\frac{11\pi}{2} + i\sin\frac{11\pi}{2}\right) = -8i$$

1.11 (1) i (2) $-\sqrt{3}+i$ (3) $2+2\sqrt{3}\,i$

(4) -1

1.12 (1) $2e^{\frac{5\pi}{3}i}$ (2) $\sqrt{2}\,e^{\frac{\pi}{4}i}$ (3) $4\,e^{0\,i}$

(4) $5\,e^{\frac{3\pi}{2}i}$

1.13 (1) $16 = 16e^0$ であるから，4 乗根は $2e^{\frac{k\pi}{2}}$ $(k = 0, 1, 2, 3)$ である．これらは，± 2, $\pm 2i$ となる．

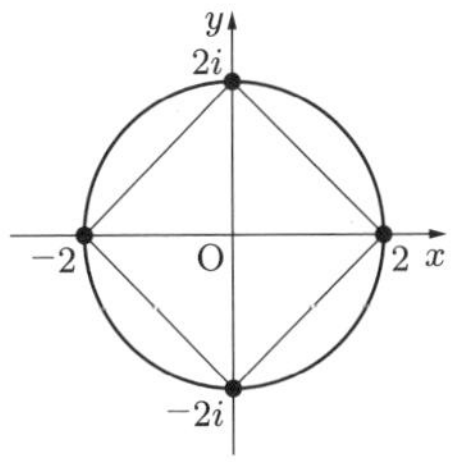

(2) $-2 = 2e^{\pi i}$ であるから，6 乗根は $\sqrt[6]{2}e^{\left(\frac{\pi}{6}+\frac{k\pi}{3}\right)i}$ $(k = 0, 1, \ldots, 5)$ である．これらは，$\pm\sqrt[6]{2}\,i$, $\dfrac{\sqrt[6]{2}}{2}\left(\pm\sqrt{3}\pm i\right)$ となる（複号はすべての組合せをとる）．

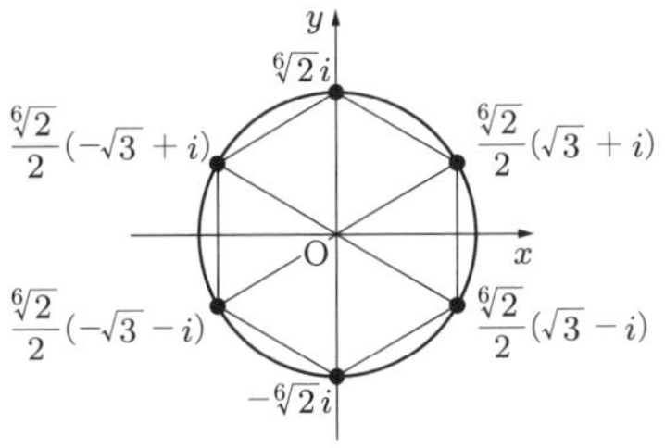

1.14 $z_1 = i(2+i) = -1+2i$, $z_2 = (1+i)(2+i) = 1+3i$, $z_3 = \dfrac{2(2+i)}{-1+i} = -1-3i$ となる．

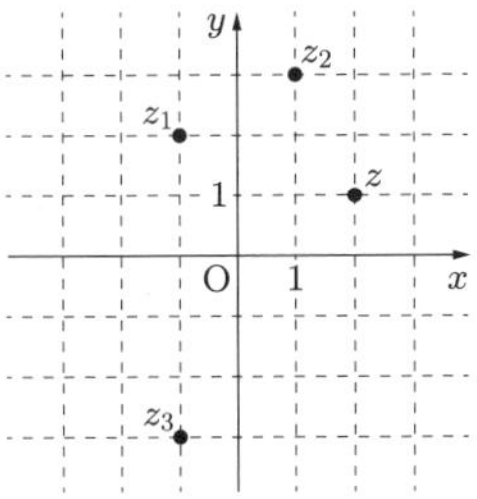

1.15 $\dfrac{z_1}{z_2}$

$$= \frac{r_1(\cos\theta_1 + i\sin\theta_1)}{r_2(\cos\theta_2 + i\sin\theta_2)}$$

$$= \frac{r_1(\cos\theta_1 + i\sin\theta_1)\cdot(\cos\theta_2 - i\sin\theta_2)}{r_2(\cos\theta_2 + i\sin\theta_2)\cdot(\cos\theta_2 - i\sin\theta_2)}$$

ここで，

$$\text{分子} = r_1\{(\cos\theta_1\cos\theta_2 + \sin\theta_1\sin\theta_2) + i(\sin\theta_1\cos\theta_2 - \cos\theta_1\sin\theta_2)\}$$
$$= r_1\{\cos(\theta_1-\theta_2) + i\sin(\theta_1-\theta_2)\}$$

$$\text{分母} = r_2(\cos^2\theta_2 + \sin^2\theta_2) = r_2$$

である．これより，$\dfrac{z_1}{z_2} = \dfrac{r_1}{r_2}\{\cos(\theta_1-\theta_2) + i\sin(\theta_1-\theta_2)\}$ となるから，$\left|\dfrac{z_1}{z_2}\right| = \dfrac{r_1}{r_2} = \dfrac{|z_1|}{|z_2|}$, $\arg\dfrac{z_1}{z_2} = \theta_1 - \theta_2 = \arg z_1 - \arg z_2$ が成り立つ．

1.16 (1) $|(1+\sqrt{3}i)z| = 2|z|$, $\arg(1+\sqrt{3}i)z = \dfrac{\pi}{3} + \arg z$ であるので，z の原点からの距離を 2 倍し，原点を中心として $\dfrac{\pi}{3}$ だけ回転した点となる．

(2) $\left|\dfrac{z}{i}\right| = |z|$, $\arg\dfrac{z}{i} = \arg z - \dfrac{\pi}{2}$ であるので，z を原点を中心として $-\dfrac{\pi}{2}$ だけ回転した点となる．

1.17 $z = x + iy$ とする．

(1) $|(x+3)+iy| = |(x-1)+i(y+2)|$ より，$\sqrt{(x+3)^2+y^2} = \sqrt{(x-1)^2+(y+2)^2}$ となる．両辺を 2 乗して整理すると，$2x - y + 1 = 0$ となるので，求める図形は下図のような直線になる．

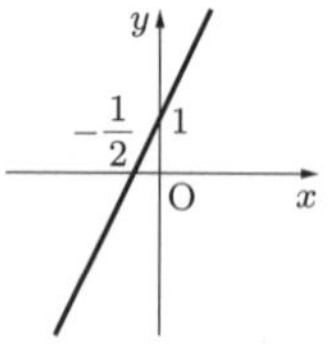

(2) $2|(x+1)+iy| = |(x-5)+iy|$ より，$2\sqrt{(x+1)^2+y^2} = \sqrt{(x-5)^2+y^2}$ となる．両辺を 2 乗して整理すると，$(x+3)^2 + y^2 = 16$ となるので，求める図形は次の図のような円になる．

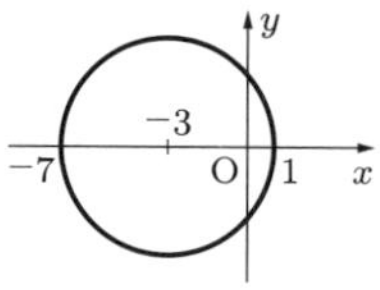

1.18 $|z-2i| \geqq 0$, $|z| \geqq 0$ であるから，両辺を 2 乗して $|z-2i|^2 < |z|^2$.

$z = x+iy$ とすると，$x^2+(y-2)^2 < x^2+y^2$ であるから，これを整理すると，$y > 1$ となる．

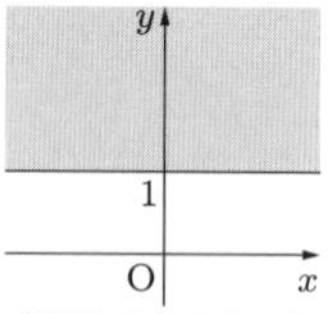

（境界は含まない）

1.19 (1) 左辺 $= |iz| = |i|\cdot|z|$
$$= 1\cdot|z| = |z| = \text{右辺}$$

(2) 左辺 $= |z| = |\operatorname{Re} z + i\operatorname{Im} z|$
$$\leqq |\operatorname{Re} z| + |i\operatorname{Im} z|$$
$$= |\operatorname{Re} z| + |\operatorname{Im} z| = \text{右辺}$$

(3) 左辺 $= |z+w|^2 + |z-w|^2$
$$= (z+w)(\overline{z}+\overline{w}) + (z-w)(\overline{z}-\overline{w})$$
$$= (|z|^2 + z\overline{w} + \overline{z}w + |w|^2) + (|z|^2 - z\overline{w} - \overline{z}w + |w|^2)$$
$$= 2(|z|^2+|w|^2) = \text{右辺}$$

(4) $0 < |z| - |w| \leqq |z+w| \leqq |z| + |w|$ であるから，

$$\frac{1}{|z|+|w|} \leqq \frac{1}{|z+w|} \leqq \frac{1}{|z|-|w|}$$

1.20 (1) $2 - 2\sqrt{3}i = 4e^{\frac{5\pi}{3}i}$ であるから，平方根は $2e^{\left(\frac{5\pi}{6}+k\pi\right)i}$ $(k = 0, 1)$ となる．$2e^{\frac{5\pi}{6}i} = -\sqrt{3} + i$, $2e^{\frac{11\pi}{6}i} = \sqrt{3} - i$ であるので，平方根は $\pm\left(\sqrt{3} - i\right)$ となる．

(2) $-2 + 2i = 2\sqrt{2}e^{\frac{3\pi}{4}i}$ であるから，立方根は $\sqrt{2}e^{\left(\frac{\pi}{4}+\frac{2k\pi}{3}\right)i}$ $(k = 0, 1, 2)$ となる．$\sqrt{2}e^{\frac{\pi}{4}i} = 1 + i$, $\sqrt{2}e^{\frac{11\pi}{12}i} = -\dfrac{\sqrt{3}+1}{2} + \dfrac{\sqrt{3}-1}{2}i$, $\sqrt{2}e^{\frac{19\pi}{12}i} = \dfrac{\sqrt{3}-1}{2} - \dfrac{\sqrt{3}+1}{2}i$

であるので，立方根は $z=1+i$，$\dfrac{\pm\sqrt{3}-1}{2}+\dfrac{\mp\sqrt{3}-1}{2}i$（複号同順）となる．

(3) $-2-2\sqrt{3}i=4e^{\frac{4\pi}{3}i}$ であるから，4 乗根は $\sqrt{2}e^{\left(\frac{\pi}{3}+\frac{k\pi}{2}\right)i}$ $(k=0,1,2,3)$ となる．$\sqrt{2}e^{\frac{\pi}{3}i}=\dfrac{\sqrt{2}}{2}+\dfrac{\sqrt{6}}{2}i$, $\sqrt{2}e^{\frac{5\pi}{6}i}=-\dfrac{\sqrt{6}}{2}+\dfrac{\sqrt{2}}{2}i$, $\sqrt{2}e^{\frac{4\pi}{3}i}=-\dfrac{\sqrt{2}}{2}-\dfrac{\sqrt{6}}{2}i$, $\sqrt{2}e^{\frac{11\pi}{6}i}=\dfrac{\sqrt{6}}{2}-\dfrac{\sqrt{2}}{2}i$ であるので，4 乗根は $\pm\left(\dfrac{\sqrt{2}}{2}+\dfrac{\sqrt{6}}{2}i\right)$, $\pm\left(\dfrac{\sqrt{6}}{2}-\dfrac{\sqrt{2}}{2}i\right)$ となる．

1.21 (1) $(z^2)^2-2z^2+2=0$ であるから，$z^2=\dfrac{2\pm\sqrt{4-8}}{2}=1\pm i$ となるので，$z^2=\sqrt{2}e^{\frac{\pi}{4}i}$, $\sqrt{2}e^{\frac{7\pi}{4}i}$．したがって，$z=\sqrt[4]{2}e^{\frac{\pi}{8}i}$, $\sqrt[4]{2}e^{\frac{9\pi}{8}i}$, $\sqrt[4]{2}e^{\frac{7\pi}{8}i}$, $\sqrt[4]{2}e^{\frac{15\pi}{8}i}$ となる．

(2) $(z^2)^2-\sqrt{2}iz^2-1=0$ であるから，$z^2=\dfrac{\sqrt{2}i\pm\sqrt{-2+4}}{2}=\dfrac{\pm\sqrt{2}+\sqrt{2}i}{2}$ となるので，$z^2=e^{\frac{\pi}{4}i}$, $e^{\frac{3\pi}{4}i}$．したがって，$z=e^{\frac{\pi}{8}i}$, $e^{\frac{9\pi}{8}i}$, $e^{\frac{3\pi}{8}i}$, $e^{\frac{11\pi}{8}i}$ となる．

(3) $(z^3)^2-z^3+1=0$ であるから，$z^3=\dfrac{1\pm\sqrt{1-4}}{2}=\dfrac{1\pm\sqrt{3}i}{2}$ となるので，$z^3=e^{\frac{\pi}{3}i}$, $e^{\frac{5\pi}{3}i}$．したがって，$z=e^{\frac{\pi}{9}i}$, $e^{\frac{7\pi}{9}i}$, $e^{\frac{13\pi}{9}i}$, $e^{\frac{5\pi}{9}i}$, $e^{\frac{11\pi}{9}i}$, $e^{\frac{17\pi}{9}i}$ となる．

第 2 節　複素関数

2.1 $u=x^3-3xy^2-2x$, $v=3x^2y-y^3-2y$

2.2 (1) $|w|=r^2$ より，原点を中心とした半径 r^2 の円に対応する．

(2) $\arg w=2\theta$ より，原点を端点とする偏角が 2θ の半直線に対応する．

2.3

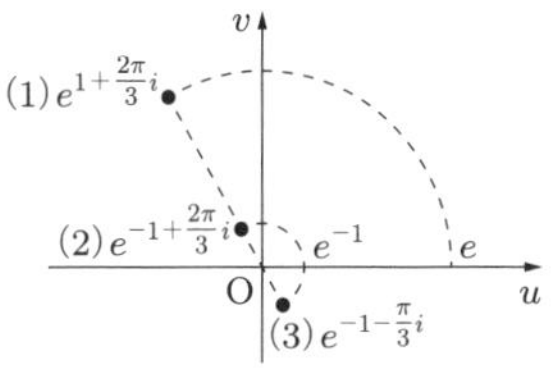

2.4 (1) $\cos x\cosh y+i\sin x\sinh y$

(2) $\sin x\cosh y-i\cos x\sinh y$

(3) $\cosh y$　　(4) $i\sinh y$

2.5 (1) $\dfrac{1}{2}\left(e-\dfrac{1}{e}\right)i$

(2) $\dfrac{1}{4}\left(e+\dfrac{1}{e}\right)-\dfrac{\sqrt{3}}{4}\left(e-\dfrac{1}{e}\right)i$

(3) $\dfrac{1}{4}\left(e^2+\dfrac{1}{e^2}\right)-\dfrac{\sqrt{3}}{4}\left(e^2-\dfrac{1}{e^2}\right)i$

2.6
$$
\begin{aligned}
\text{左辺}&=\cos\left(\frac{\pi}{2}+z\right)\\
&=\frac{e^{i\left(\frac{\pi}{2}+z\right)}+e^{-i\left(\frac{\pi}{2}+z\right)}}{2}\\
&=\frac{e^{i\frac{\pi}{2}}\cdot e^{iz}+e^{-i\frac{\pi}{2}}\cdot e^{-iz}}{2}\\
&=\frac{ie^{iz}-ie^{-iz}}{2}\\
&=-\frac{e^{iz}-e^{-iz}}{2i}=-\sin z=\text{右辺}
\end{aligned}
$$

2.7 (1) $z=re^{i\theta}$ とすると，$\displaystyle\lim_{z\to0}\frac{z^2}{|z|^2}=\lim_{r\to0}\frac{r^2e^{2i\theta}}{r^2}=e^{2i\theta}$ となる．この値は θ の値によって異なるから，発散する．

(2) $\displaystyle\lim_{z\to i}\frac{z^3+i}{z-i}=\lim_{z\to i}\frac{(z-i)(z^2+iz+i^2)}{z-i}=\lim_{z\to i}(z^2+iz+i^2)=-3$ となるので，-3 に収束する．

2.8 (1) $u=\dfrac{x}{x^2+y^2}$, $v=-\dfrac{y}{x^2+y^2}$ であるので，$\dfrac{\partial u}{\partial x}=\dfrac{-x^2+y^2}{(x^2+y^2)^2}=\dfrac{\partial v}{\partial y}$, $\dfrac{\partial v}{\partial x}=\dfrac{2xy}{(x^2+y^2)^2}=-\dfrac{\partial u}{\partial y}$ となる．したがって，$z=0$ を除く複素平面全体で正則である．$\dfrac{dw}{dz}=\dfrac{-x^2+y^2+2ixy}{(x^2+y^2)^2}=-\dfrac{(x-iy)^2}{|z|^4}=-\dfrac{(\overline{z})^2}{(z\overline{z})^2}=-\dfrac{1}{z^2}$ となる．

(2) $u=\sqrt{x^2+y^2}$, $v=0$ であるので，$\dfrac{\partial u}{\partial x}=\dfrac{x}{\sqrt{x^2+y^2}}$, $\dfrac{\partial v}{\partial y}=0$ となる．したがって，コーシー・リーマンの関係式が満たされないので，正則ではない．

2.9 (1) $\dfrac{dw}{dz}=\dfrac{2i}{(1-iz)^2}$

(2) $\dfrac{dw}{dz} = \dfrac{i+z^2}{(i-z^2)^2}$

(3) $\dfrac{dw}{dz} = 24z^2(2z^3+i)^3$

(4) $\dfrac{dw}{dz} = -4iz+5$

2.10　(1) $\dfrac{dw}{dz} = 10e^{2z} - 12ie^{-3iz}$

(2) $\dfrac{dw}{dz} = \dfrac{-8i}{(e^{2iz}-e^{-2iz})^2}$

2.11　左辺 $= (\cot z)' = \left\{\dfrac{i(e^{iz}+e^{-iz})}{e^{iz}-e^{-iz}}\right\}'$

$$= \frac{i(-4i)}{(e^{iz}-e^{-iz})^2}$$

$$= -\left(\frac{2i}{e^{iz}-e^{-iz}}\right)^2$$

$$= -\frac{1}{\sin^2 z} = \text{右辺}$$

2.12　(1) 右辺

$$= \frac{\left(e^{iz_1}+e^{-iz_1}\right)\left(e^{iz_2}+e^{-iz_2}\right)}{4} + \frac{\left(e^{iz_1}-e^{-iz_1}\right)\left(e^{iz_2}-e^{-iz_2}\right)}{4}$$

$$= \frac{2e^{iz_1}e^{iz_2}+2e^{-iz_1}e^{-iz_2}}{4}$$

$$= \frac{e^{i(z_1+z_2)}+e^{-i(z_1+z_2)}}{2}$$

$$= \cos(z_1+z_2) = \text{左辺}$$

(2) 右辺 $= \dfrac{\left(e^{iz_1}-e^{-iz_1}\right)\left(e^{iz_2}+e^{-iz_2}\right)}{4i} + \dfrac{\left(e^{iz_1}+e^{-iz_1}\right)\left(e^{iz_2}-e^{-iz_2}\right)}{4i}$

$$= \frac{2e^{iz_1}e^{iz_2}-2e^{-iz_1}e^{-iz_2}}{4i}$$

$$= \frac{e^{i(z_1+z_2)}-e^{-i(z_1+z_2)}}{2i}$$

$$= \sin(z_1+z_2) = \text{左辺}$$

2.13　$u = \sin x\cosh y,\ v = \cos x\sinh y$ とすると，$\dfrac{\partial u}{\partial x} = \cos x\cosh y$, $\dfrac{\partial u}{\partial y} = \sin x\sinh y$, $\dfrac{\partial v}{\partial x} = -\sin x\sinh y$, $\dfrac{\partial v}{\partial y} = \cos x\cosh y$ であるから，$\dfrac{\partial u}{\partial x} = \dfrac{\partial v}{\partial y}$, $\dfrac{\partial v}{\partial x} = -\dfrac{\partial u}{\partial y}$ が成り立つ．

2.14　(1) $w^2 = 9i$ を満たす w を求める．$9i = 9e^{\frac{\pi}{2}i}$ であるから，$w = 3e^{\left(\frac{\pi}{4}+k\pi\right)i}$ $(k=0,1)$ である．これより，$\sqrt{9i} = \pm\left(\dfrac{3\sqrt{2}}{2}+\dfrac{3\sqrt{2}}{2}i\right)$ となる．

(2) $w^3 = -8i$ を満たす w を求める．$-8i = 8e^{\frac{3\pi}{2}i}$ であるから，$w = 2e^{\left(\frac{\pi}{2}+\frac{2k\pi}{3}\right)i}$ $(k=0,1,2)$ となる．これより，$\sqrt[3]{-8i} = 2i$, $\pm\sqrt{3}-i$ である．

(3) $w^4 = -1$ を満たす w を求める．$-1 = e^{\pi i}$ であるから，$w = e^{\left(\frac{\pi}{4}+\frac{k\pi}{2}\right)i}$ $(k=0,1,2,3)$ となる．これより，$\sqrt[4]{-1} = \pm\dfrac{\sqrt{2}}{2}\pm\dfrac{\sqrt{2}}{2}i$ である（複号はすべての組合せをとる）．

2.15　$w = \sqrt[n]{z}$ の逆関数は $z = w^n$ であるので，$\dfrac{dw}{dz} = \dfrac{1}{\frac{dz}{dw}} = \dfrac{1}{nw^{n-1}} = \dfrac{1}{n(\sqrt[n]{z})^{n-1}}$ となる．

2.16　n は整数とする．

(1) $\log(-1) = (2n+1)\pi i$,　$\mathrm{Log}(-1) = \pi i$

(2) $\log e = 1+2n\pi i$,　$\mathrm{Log}\, e = 1$

(3) $\log i = \left(\dfrac{\pi}{2}+2n\pi\right)i$,　$\mathrm{Log}\, i = \dfrac{\pi}{2}i$

(4) $\log(-1-i) = \dfrac{1}{2}\log_e 2 + \left(-\dfrac{3\pi}{4}+2n\pi\right)i$,
$\mathrm{Log}(-1-i) = \dfrac{1}{2}\log_e 2 - \dfrac{3\pi}{4}i$

(5) $\log\left(1+\sqrt{3}i\right) = \log_e 2 + \left(\dfrac{\pi}{3}+2n\pi\right)i$,
$\mathrm{Log}\left(1+\sqrt{3}i\right) = \log_e 2 + \dfrac{\pi}{3}i$

(6) $\log\left(-\sqrt{3}+i\right) = \log_e 2 + \left(\dfrac{5\pi}{6}+2n\pi\right)i$,
$\mathrm{Log}\left(-\sqrt{3}+i\right) = \log_e 2 + \dfrac{5\pi}{6}i$

2.17　$z=-1$ に対して，$\mathrm{Log}(-1)^2 = \mathrm{Log}\,1 = \log_e 1 = 0$, $2\,\mathrm{Log}(-1) = 2(\log_e 1 + \pi i) = 2\pi i$ となるので，$\mathrm{Log}\, z^2 = 2\,\mathrm{Log}\, z$ は一般には成り立たない（例は他にもある）．

2.18　(1) $z_1 = 2e^{\frac{\pi}{3}i}$, $z_2 = 2e^{\frac{5\pi}{6}i}$ であるから，

$$\mathrm{Log}\, z_1 + \mathrm{Log}\, z_2$$

$$= \left(\log_e 2 + \frac{\pi}{3}i\right) + \left(\log_e 2 + \frac{5\pi}{6}i\right)$$

$$= 2\log_e 2 + \frac{7\pi}{6}i \text{ となる．}$$

(2) $z_1 z_2 = 4e^{\frac{\pi}{3}i+\frac{5\pi}{6}i} = 4e^{\frac{7\pi}{6}i} = 4e^{-\frac{5\pi}{6}i}$ であるから，$\mathrm{Log}\, z_1 z_2 = \log_e 4 - \dfrac{5\pi}{6}i = 2\log_e 2 - \dfrac{5\pi}{6}i$ となる．

> [note] z_1，z_2 が実数でないときは，$\mathrm{Log}\, z_1 + \mathrm{Log}\, z_2 = \mathrm{Log}\, z_1 z_2$ は一般には成り立たない．

2.19 (1) $w = \mathrm{Log}\, z$ の逆関数は $z = e^w$ であるので，$\dfrac{dw}{dz} = \dfrac{1}{\dfrac{dz}{dw}} = \dfrac{1}{e^w} = \dfrac{1}{z}$

(2) $\dfrac{dw}{dz} = \dfrac{1}{2i}\left(\dfrac{1+iz}{1-iz}\right)' \dfrac{1}{\dfrac{1+iz}{1-iz}}$

$= \dfrac{1}{1+z^2}$

2.20 n は整数とする．

(1) $z = \sin^{-1}\dfrac{1}{2}$ とすると $\sin z = \dfrac{1}{2}$ であるから，$\dfrac{e^{iz} - e^{-iz}}{2i} = \dfrac{1}{2}$ を満たす z を求める．$\left(e^{iz}\right)^2 - ie^{iz} - 1 = 0$ であるから，$e^{iz} = \dfrac{i \pm \sqrt{3}}{2}$．ここで，$e^{iz} = \dfrac{i+\sqrt{3}}{2}$ のとき，$iz = \log\dfrac{i+\sqrt{3}}{2} = \log_e 1 + \left(\dfrac{\pi}{6} + 2n\pi\right)i$ であるから，$z = \dfrac{\pi}{6} + 2n\pi$．$e^{iz} = \dfrac{i-\sqrt{3}}{2}$ のとき，$iz = \log\dfrac{i-\sqrt{3}}{2} = \log_e 1 + \left(\dfrac{5\pi}{6} + 2n\pi\right)i$ であるから，$z = \dfrac{5\pi}{6} + 2n\pi$．

以上により，$\sin^{-1}\dfrac{1}{2} = \dfrac{\pi}{6} + 2n\pi,\ \dfrac{5\pi}{6} + 2n\pi$．

(2) $z = \cos^{-1} 2i$ とすると $\cos z = 2i$ であるから，$\dfrac{e^{iz} + e^{-iz}}{2} = 2i$ を満たす z を求める．$\left(e^{iz}\right)^2 - 4ie^{iz} + 1 = 0$ であるから，$e^{iz} = (2 \pm \sqrt{5})i$．ここで，$e^{iz} = (2+\sqrt{5})i$ のとき，$iz = \log\left(2+\sqrt{5}\right)i = \log_e\left(2+\sqrt{5}\right) + \left(\dfrac{\pi}{2} + 2n\pi\right)i$ であるから，$z = \dfrac{\pi}{2} + 2n\pi - i\log\left(2+\sqrt{5}\right)$．

$e^{iz} = (2-\sqrt{5})i$ のとき，$iz = \log\left(2-\sqrt{5}\right)i = \log_e\left(\sqrt{5}-2\right) + \left(-\dfrac{\pi}{2} + 2n\pi\right)i$ であるから，$z = -\dfrac{\pi}{2} + 2n\pi - i\log_e\left(\sqrt{5}-2\right)$．

以上により，$\cos^{-1} 2i = \dfrac{\pi}{2} + 2n\pi - i\log_e\left(2+\sqrt{5}\right),\ -\dfrac{\pi}{2} + 2n\pi - i\log_e\left(\sqrt{5}-2\right)$．

2.21 (1) コーシー・リーマンの関係式から，$\dfrac{\partial u}{\partial x} = 3x^2 - 3y^2 = \dfrac{\partial v}{\partial y}$ となるので，$v = 3x^2y - y^3 + g(x)$ ($g(x)$ は x の実関数) となる．一方，$\dfrac{\partial v}{\partial x} = -\dfrac{\partial u}{\partial y}$ であるから，$6xy + g'(x) = 6xy$ となるので，$g'(x) = 0$ より $g(x) = c$ (実定数)．したがって，$v = 3x^2y - y^3 + c$ で，$f(z) = x^3 - 3xy^2 + i(3x^2y - y^3 + c) = (x+iy)^3 + ic = z^3 + ic$.

(2) (1) と同様に，$\dfrac{\partial u}{\partial x} = -e^{-y}\sin x = \dfrac{\partial v}{\partial y}$ となるので，$v = e^{-y}\sin x + g(x)$ ($g(x)$ は x の実関数) となる．$\dfrac{\partial v}{\partial x} = -\dfrac{\partial u}{\partial y}$ であるから，$e^{-y}\cos x + g'(x) = e^{-y}\cos x$ となるので，$g'(x) = 0$ より $g(x) = c$ (実定数)．したがって，$v = e^{-y}\sin x + c$ で，$f(z) = e^{-y}(\cos x + i\sin x) + ic = e^{ix-y} + ic = e^{i(x+yi)} + ic = e^{iz} + ic$.

2.22 (1) $\overline{f(z)} = u(x,y) - iv(x,y)$ であるから，$U(x,y) = u(x,y)$，$V(x,y) = -v(x,y)$ となる．$\dfrac{\partial U}{\partial x}(x,y) = \dfrac{\partial u}{\partial x}(x,y) = \dfrac{\partial v}{\partial y}(x,y) = -\dfrac{\partial V}{\partial y}(x,y)$，$\dfrac{\partial V}{\partial x}(x,y) = -\dfrac{\partial v}{\partial x}(x,y) = \dfrac{\partial u}{\partial y}(x,y) = \dfrac{\partial U}{\partial y}(x,y)$ であるので，$\dfrac{\partial U}{\partial x} = -\dfrac{\partial V}{\partial y}$，$\dfrac{\partial V}{\partial x} = \dfrac{\partial U}{\partial y}$．

(2) $f(\overline{z}) = u(x,-y) + iv(x,-y)$ であるから，$U(x,y) = u(x,-y)$，$V(x,y) = v(x,-y)$ となる．$\dfrac{\partial U}{\partial x}(x,y) = \dfrac{\partial u}{\partial x}(x,-y) = \dfrac{\partial v}{\partial y}(x,-y) = -\dfrac{\partial V}{\partial y}(x,y)$，$\dfrac{\partial V}{\partial x}(x,y) = \dfrac{\partial v}{\partial x}(x,-y) = -\dfrac{\partial u}{\partial y}(x,-y) = \dfrac{\partial U}{\partial y}(x,y)$ であるので，$\dfrac{\partial U}{\partial x} = -\dfrac{\partial V}{\partial y}$，$\dfrac{\partial V}{\partial x} = \dfrac{\partial U}{\partial y}$．

(3) $\overline{f(\overline{z})} = u(x,-y) - iv(x,-y)$ であるから，

$U(x,y) = u(x,-y),\ V(x,y) = -v(x,-y)$ となる．$\dfrac{\partial U}{\partial x}(x,y) = \dfrac{\partial u}{\partial x}(x,-y) = \dfrac{\partial v}{\partial y}(x,-y) = \dfrac{\partial V}{\partial y}(x,y),\ \dfrac{\partial V}{\partial x}(x,y) = -\dfrac{\partial v}{\partial x}(x,-y) = \dfrac{\partial u}{\partial y}(x,-y) = -\dfrac{\partial U}{\partial y}(x,y)$ であるので，$\dfrac{\partial U}{\partial x} = \dfrac{\partial V}{\partial y},\ \dfrac{\partial V}{\partial x} = -\dfrac{\partial U}{\partial y}$.

[note]　この結果から，正則関数 $f(z)$ に対して，$\overline{f(z)}$, $f(\overline{z})$ はコーシー・リーマンの関係式を満たさないので，正則ではないことがわかる（ただし，定数関数の場合を除く）．一方，$\overline{f(\overline{z})}$ はコーシー・リーマンの関係式を満たすので，正則である．

第 3 節　複素関数の積分

3.1　(1) $\displaystyle\int_0^1 (-2t^3 + t + 3it^2)\,dt = i$

(2) $\displaystyle\int_0^2 (1-it)^2(-i)\,dt = -4 + \frac{2}{3}i$

(3) $\displaystyle\int_0^{\frac{\pi}{4}} e^{3it}\cdot ie^{it}\,dt = i\int_0^{\frac{\pi}{4}} e^{4it}\,dt = -\frac{1}{2}$

3.2　(1) $z = -i + \varepsilon e^{i\theta}$ とすると，与式 $= \displaystyle\int_0^{2\pi} \frac{-i+\varepsilon e^{i\theta}}{\varepsilon e^{i\theta}}\cdot i\varepsilon e^{i\theta}\,d\theta = i\left[-i\theta + \frac{\varepsilon}{i}e^{i\theta}\right]_0^{2\pi} = 2\pi$

(2) $z = \varepsilon e^{i\theta}$ とすると，与式 $= \displaystyle\int_0^{2\pi} \frac{\varepsilon^2 e^{2i\theta}+4}{\varepsilon e^{i\theta}}\cdot i\varepsilon e^{i\theta}\,d\theta = i\left[\frac{\varepsilon^2}{2i}e^{2i\theta} + 4\theta\right]_0^{2\pi} = 8\pi$

3.3　(1) $2\pi i\cdot(-2)^3 = -16\pi i$

(2) $\dfrac{z^2}{z^4-1} = \dfrac{\dfrac{z^2}{(z^2-1)(z+i)}}{z-i}$ であるから，$2\pi i\cdot\dfrac{i^2}{(i^2-1)\cdot 2i} = \dfrac{\pi}{2}$

3.4　(1) $(e^{iz})' = ie^{iz}$ であるから，
$2\pi i\cdot ie^0 = -2\pi$

(2) $(e^{iz})'' = -e^{iz}$ であるから，
$2\pi i\cdot\left(-\dfrac{1}{2!}e^{i^2}\right) = -\dfrac{\pi}{e}i$

(3) $(z\cos\pi z)' = \cos\pi z - \pi z\sin\pi z$ であるから，$2\pi i\cdot(\cos\pi - \pi\sin\pi) = -2\pi i$

3.5　(1) $f(z) = \dfrac{z^3}{(z+1)(z^2+1)}$ とすると，

$$I = 2\pi i f(1) = \frac{\pi i}{2}$$

(2) $f_1(z) = \dfrac{z^3}{(z-1)(z^2+1)}$, $f_2(z) = \dfrac{z^3}{(z^2-1)(z-i)}$ とすると，

$$I = 2\pi i\{f_1(-1) + f_2(-i)\} = 2\pi i\left(\frac{1}{4} + \frac{1}{4}\right) = \pi i$$

3.6　(1) $f(z) = \dfrac{z+3}{(z-2)^3}$ とおくと，$I = \dfrac{2\pi i}{1!}f'(0)$ となる．$f'(z) = \dfrac{-2z-11}{(z-2)^4}$ であるから，$I = 2\pi i\cdot\left(-\dfrac{11}{16}\right) = -\dfrac{11\pi i}{8}$.

(2) $f(z) = \dfrac{z+3}{z^2}$ とおくと，$I = \dfrac{2\pi i}{2!}f''(2)$. $f'(z) = \dfrac{-z-6}{z^3}$, $f''(z) = \dfrac{2z+18}{z^4}$ であるから，$I = \pi i\cdot\dfrac{22}{16} = \dfrac{11\pi i}{8}$.

3.7　(1) $z = re^{i\theta}$ $(0 \leqq \theta \leqq 2\pi)$ とすると，$dz = rie^{i\theta}\,d\theta$, $\overline{z} = re^{-i\theta}$ であるから，

$$\int_{|z|=r}\overline{z}\,dz = \int_0^{2\pi} re^{-i\theta}\cdot rie^{i\theta}\,d\theta = r^2 i\int_0^{2\pi} d\theta = 2\pi r^2 i$$

(2) $z = re^{i\theta}$ $(0 \leqq \theta \leqq 2\pi)$ とすると，$dz = rie^{i\theta}\,d\theta$, $\mathrm{Im}\,z = \dfrac{z-\overline{z}}{2i} = \dfrac{re^{i\theta} - re^{-i\theta}}{2i}$ であるから，

$$\int_{|z|=r}\mathrm{Im}\,z\,dz = \frac{r^2}{2}\int_0^{2\pi}\left(e^{2i\theta}-1\right)d\theta = -\pi r^2$$

3.8　(1) $z = re^{i\theta}$ より，$dz = rie^{i\theta}\,d\theta$ となるので，$|dz| = |rie^{i\theta}||d\theta| = r\,d\theta$ である．したがって，$\displaystyle\int_C |dz| = \int_0^{\alpha} r\,d\theta = r\alpha$.

(2) $z = a + re^{i\theta}$ より，$dz = rie^{i\theta}\,d\theta$ となるので，$\displaystyle\int_C \frac{z}{(z-a)^3}\,dz = \int_0^{\pi}\frac{a+re^{i\theta}}{r^3e^{3i\theta}}\cdot rie^{i\theta}\,d\theta = \frac{ai}{r^2}\int_0^{\pi}e^{-2i\theta}\,d\theta + \frac{i}{r}\int_0^{\pi}e^{-i\theta}\,d\theta = \frac{2}{r}$

3.9 (1) 左辺 $= \left| \int_{\mathrm{C}} \frac{e^{iz}}{z}\, dz \right|$

$$\leqq \int_{\mathrm{C}} \frac{|e^{iz}|}{|z|}\, |dz| = \int_{-R}^{R} \frac{|e^{it-R}|}{|t+Ri|}\, dt$$

$$\leqq \int_{-R}^{R} \frac{e^{-R}}{R}\, dt = \frac{2}{e^R} = \text{右辺}$$

(2) 左辺 $= \left| \int_{\mathrm{C}} \frac{1}{z-3i}\, dz \right|$

$$\leqq \int_{\mathrm{C}} \frac{1}{|z-3i|}\, |dz|$$

$$\leqq \int_{\mathrm{C}} \frac{1}{|3i|-|z|}\, |dz|$$

$$\leqq \int_0^{\pi} \frac{1}{3-|e^{i\theta}|}\, |ie^{i\theta}|\, d\theta$$

$$= \int_0^{\pi} \frac{1}{2}\, d\theta = \frac{\pi}{2} = \text{右辺}$$

3.10 左辺 $= \left| f^{(n)}(a) \right|$

$$= \left| \frac{n!}{2\pi i} \int_{|z-a|=r} \frac{f(z)}{(z-a)^{n+1}}\, dz \right|$$

$$\leqq \frac{n!}{2\pi} \int_{|z-a|=r} \frac{|f(z)|}{|z-a|^{n+1}}\, |dz|$$

$$\leqq \frac{n!}{2\pi} \int_{|z-a|=r} \frac{M}{r^{n+1}}\, |dz|$$

$$= \frac{n!}{2\pi} \cdot \frac{M}{r^{n+1}} \cdot 2\pi r = \frac{n!}{r^n} M = \text{右辺}$$

3.11 (1) C_1 を実軸上の $x=-1$ から $x=1$ に向かう線分とする．曲線 $\mathrm{C}+\mathrm{C}_1$ およびその内部で $e^{\frac{\pi}{2}iz} + e^{-\frac{\pi}{2}iz} = 2\cos\frac{\pi z}{2}$ は正則であるから，コーシーの積分定理によって，$\int_{\mathrm{C}+\mathrm{C}_1} \left(e^{\frac{\pi}{2}iz} + e^{-\frac{\pi}{2}iz}\right) dz = 0$ である．したがって，

$$\int_{\mathrm{C}} \left(e^{\frac{\pi}{2}iz} + e^{-\frac{\pi}{2}iz}\right) dz$$

$$= -\int_{\mathrm{C}_1} \left(e^{\frac{\pi}{2}iz} + e^{-\frac{\pi}{2}iz}\right) dz$$

$$= -\int_{-1}^{1} 2\cos\frac{\pi x}{2}\, dx = -\frac{8}{\pi}$$

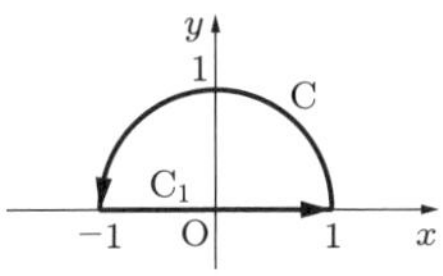

(2) C_1 を実軸上の $x=-\sqrt{3}$ から $x=\sqrt{3}$ に向かう線分とする．曲線 $\mathrm{C}+\mathrm{C}_1$ およびその内部で $\frac{1}{z^2-4}$ は正則であるから，コーシーの積分定理によって，$\int_{\mathrm{C}+\mathrm{C}_1} \frac{1}{z^2-4}\, dz = 0$ である．したがって，

$$\int_{\mathrm{C}} \frac{1}{z^2-4}\, dz = -\int_{\mathrm{C}_1} \frac{1}{z^2-4}\, dz$$

$$= -\int_{-\sqrt{3}}^{\sqrt{3}} \frac{1}{x^2-4}\, dx$$

$$= \log(2+\sqrt{3})$$

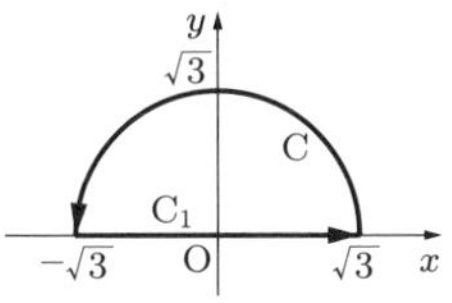

第 4 節　ローラン展開と留数定理

4.1 (1) 収束し，極限値は 0　(2) 発散する　(3) 発散する

4.2 (1) 発散する　(2) 収束し, 和は $\frac{3+3i}{4}$

4.3 (1) $\lim_{z\to 0} \frac{z+1-e^z}{z^2}$

$$= \lim_{z\to 0} \left(-\frac{1}{2!} - \frac{z}{3!} - \frac{z^2}{4!} - \cdots \right) = -\frac{1}{2}$$

(2) $\lim_{z\to 0} \frac{z^3}{z-\sin z}$

$$= \lim_{z\to 0} \frac{1}{\frac{1}{3!} - \frac{z^2}{5!} + \frac{z^4}{7!} - \cdots} = 6$$

4.4 (1) $\frac{1}{z} + 1 + z + z^2 + \cdots$

(2) $z^2 - z + \frac{1}{2!} - \frac{1}{3!z} + \frac{1}{4!z^2} - \cdots$

4.5 (1) 主要部はない．除去可能な特異点

(2) 主要部は $\frac{1}{z^3} - \frac{1}{2!z}$，位数 3 の極

(3) 主要部は $\frac{1}{4!z} - \frac{1}{5!z^2} + \frac{1}{6!z^3} - \cdots$，真性特異点

4.6 Q4.5 の解を利用する．

(1) $2\pi i \cdot 0 = 0$　(2) $2\pi i \cdot \left(-\frac{1}{2!}\right) = -\pi i$

(3) $2\pi i \cdot \frac{1}{4!} = \frac{\pi i}{12}$

4.7　(1) $z=0$ は位数 1 の極で，留数は

$$\lim_{z\to 0} z\cdot\frac{1}{z(z-1)^3}=-1$$

(2) $z=-2$ は位数 2 の極で，留数は

$$\frac{1}{(2-1)!}\lim_{z\to -2}\left\{(z+2)^2\cdot\frac{e^z}{(z-1)(z+2)^2}\right\}'$$

$$=\lim_{z\to -2}\frac{ze^z-2e^z}{(z-1)^2}=-\frac{4}{9e^2}$$

(3) $f(z)=e^{iz}$，$g(z)=\cos z$ とすると，$f\left(\frac{\pi}{2}\right)=i$，$g\left(\frac{\pi}{2}\right)=0$，$g'\left(\frac{\pi}{2}\right)=-\sin\frac{\pi}{2}=-1$ より，留数は $\frac{i}{-1}=-i$

4.8　$$\int_{\mathrm{C}}\frac{3z+i}{z(2z+3i)^2}\,dz=\int_{\mathrm{C}}\frac{3z+i}{4z\left(z+\frac{3}{2}i\right)^2}\,dz$$

となる．

(1) C の内部の孤立特異点は $-\frac{3}{2}i$ のみである．$-\frac{3}{2}i$ は位数 2 の極で，留数は

$$\lim_{z\to -\frac{3}{2}i}\left(\frac{3z+i}{4z}\right)'=\frac{i}{9}$$

となるので，求める積分は $2\pi i\cdot\frac{i}{9}=-\frac{2\pi}{9}$.

(2) C の内部の孤立特異点は $-\frac{3}{2}i$, 0 である．0 は位数 1 の極で，留数は $\lim_{z\to 0}\frac{3z+i}{(2z+3i)^2}=-\frac{i}{9}$ となるので，求める積分は

$$2\pi i\left(\frac{i}{9}-\frac{i}{9}\right)=0.$$

4.9　$z=e^{i\theta}$ とする．

(1) $$\int_0^{2\pi}\frac{d\theta}{3+\cos\theta}=\frac{2}{i}\int_{|z|=1}\frac{dz}{z^2+6z+1}$$

となる．$|z|=1$ の内部にある孤立特異点は $a=-3+2\sqrt{2}$. $f(z)=1$, $g(z)=z^2+6z+1$ とすると，$g(a)=0$, $f(a)=1$, $g'(a)=4\sqrt{2}\neq 0$ であるので，求める積分は $\frac{2}{i}\cdot 2\pi i\cdot\frac{1}{4\sqrt{2}}=\frac{\pi}{\sqrt{2}}$.

(2) $$\int_0^{2\pi}\frac{d\theta}{\sqrt{2}+\sin\theta}=2\int_{|z|=1}\frac{dz}{z^2+2\sqrt{2}iz-1}$$

となる．$|z|=1$ の内部にある孤立特異点は $a=(-\sqrt{2}+1)i$. $f(z)=1$, $g(z)=z^2+2\sqrt{2}iz-1$ とすると，$g(a)=0$, $f(a)=1$, $g'(a)=2i\neq 0$ であるので，求める積分は $2\cdot 2\pi i\cdot\frac{1}{2i}=2\pi$.

4.10　(1) $\frac{x\cos x}{(x^2+1)^2}$ は奇関数，$\frac{x\sin x}{(x^2+1)^2}$ は偶関数であるので，

$$\text{左辺}=\int_{\mathrm{C}_0}f(z)\,dz$$

$$=\int_{-R}^{R}\frac{xe^{ix}}{(x^2+1)^2}\,dx$$

$$=\int_{-R}^{R}\left\{\frac{x\cos x}{(x^2+1)^2}+i\frac{x\sin x}{(x^2+1)^2}\right\}dx$$

$$=2i\int_0^R\frac{x\sin x}{(x^2+1)^2}\,dx=\text{右辺}$$

(2) $-R\sin\theta\leqq 0$ であるので，$|e^{iz}|=|e^{-R\sin\theta}|\leqq 1$ となるから，$\left|\int_{\mathrm{C}_R}f(z)dz\right|\leqq$

$$\int_0^{\pi}\frac{|z||e^{iz}|}{|z^2+1|^2}|Rie^{i\theta}|d\theta\leqq\int_0^{\pi}\frac{R^2}{(R^2-1)^2}\,d\theta$$

$$=\frac{R^2\pi}{(R^2-1)^2}\to 0\ (R\to\infty)\ \text{である．}$$

したがって，$\lim_{R\to\infty}\int_{\mathrm{C}_R}f(z)\,dz=0$ となる．

(3) $$\int_{\mathrm{C}}f(z)\,dz=2\pi i\,\mathrm{Res}\,[f(z),i]$$

$$=2\pi i\lim_{z\to i}\frac{d}{dz}\left\{(z-i)^2f(z)\right\}$$

$$=2\pi i\lim_{z\to i}\left\{\frac{ze^{iz}}{(z+i)^2}\right\}'=\frac{\pi i}{2e}$$

(4) $$\lim_{R\to\infty}\int_{\mathrm{C}}f(z)\,dz=2i\int_0^{\infty}\frac{x\sin x}{(x^2+1)^2}\,dx$$

であるから，$\int_0^{\infty}\frac{x\sin x}{(x^2+1)^2}dx=\frac{\pi}{4e}$.

4.11　(1) $\frac{z-1}{z+1}$

$$=1-\frac{1}{1+\frac{z-1}{2}}$$

$$=1-1+\frac{z-1}{2}-\left(\frac{z-1}{2}\right)^2+\left(\frac{z-1}{2}\right)^3-\cdots$$

$$=\sum_{n=1}^{\infty}\frac{(-1)^{n-1}}{2^n}(z-1)^n$$

(2) $\frac{z}{z+1}$

$$= 1 - \frac{1}{1+i} \frac{1}{1+\dfrac{z-i}{1+i}}$$
$$= \frac{i}{1+i} + \frac{1}{(1+i)^2}(z-i)$$
$$- \frac{1}{(1+i)^3}(z-i)^2$$
$$+ \frac{1}{(1+i)^4}(z-i)^3 - \cdots$$
$$= \frac{1+i}{2} + \sum_{n=1}^{\infty} \left(\frac{-1+i}{2}\right)^{n+1} (z-i)^n$$

(3) $w = z - i$ とすると，

$$ze^{iz} = (w+i)e^{iw-1}$$
$$= \frac{1}{e}(w+i)$$
$$\cdot \left\{1 + iw + \frac{1}{2!}(iw)^2 + \frac{1}{3!}(iw)^3 + \cdots\right\}$$
$$= \frac{1}{e}\left\{i + (i^2+1)w + \left(\frac{i^3}{2!} + i\right)w^2\right.$$
$$\left. + \left(\frac{i^4}{3!} + \frac{i^2}{2!}\right)w^3 + \cdots\right\}$$
$$= \sum_{n=0}^{\infty} \frac{i^{n-1}(n-1)}{n!e}(z-i)^n$$

(4)
$$\cos\frac{z}{i} = \cos\left(\frac{z - \frac{\pi}{2}i}{i} + \frac{\pi}{2}\right)$$
$$= -\sin\frac{z - \frac{\pi}{2}i}{i}$$
$$= i\left(z - \frac{\pi}{2}i\right) + \frac{i}{3!}\left(z - \frac{\pi}{2}i\right)^3$$
$$+ \frac{i}{5!}\left(z - \frac{\pi}{2}i\right)^5 + \cdots$$
$$= \sum_{n=1}^{\infty} \frac{i}{(2n-1)!}\left(z - \frac{\pi}{2}i\right)^{2n-1}$$

4.12 (1) $f(z) = \dfrac{e^z}{z}$ の $|z| \leqq 1$ における孤立特異点は 0 のみ．0 は $f(z)$ の位数 1 の極で，留数は $\displaystyle\lim_{z\to 0} e^z = 1$ となるので，

$$\int_{|z|=1} f(z)\,dz = 2\pi i$$

(2) $f(z) = \dfrac{z+3}{z(z-2)}$ の $|z| \leqq 1$ における孤立特異点は 0 のみ．0 は $f(z)$ の位数 1 の極で，留数は $\displaystyle\lim_{z\to 0} \frac{z+3}{z-2} = -\frac{3}{2}$ となるので，

$$\int_{|z|=1} f(z)\,dz = 2\pi i \cdot \left(-\frac{3}{2}\right) = -3\pi i$$

(3) $f(z) = \dfrac{\cos\frac{\pi z}{2}}{z(z-2)^2}$ の $|z-2| \leqq 1$ における孤立特異点は 2 のみ．2 は $f(z)$ の位数 2 の極で，留数は

$$\lim_{z\to 2}\left(\frac{\cos\frac{\pi z}{2}}{z}\right)'$$
$$= \lim_{z\to 2} \frac{-\frac{\pi z}{2}\sin\frac{\pi z}{2} - \cos\frac{\pi z}{2}}{z^2} = \frac{1}{4}$$

となるので，

$$\int_{|z-2|=1} f(z)\,dz = 2\pi i \cdot \frac{1}{4} = \frac{\pi i}{2}$$

(4) $f(z) = \dfrac{e^{iz}}{z^2}$ の $|z| \leqq 1$ における孤立特異点は 0 のみ．0 は $f(z)$ の位数 2 の極で，留数は $\displaystyle\lim_{z\to 0}\left(e^{iz}\right)' = \lim_{z\to 0} ie^{iz} = i$ となるので，

$$\int_{|z|=1} f(z)\,dz = 2\pi i \cdot i = -2\pi$$

4.13 (1) $f(z) = \dfrac{\sin z}{z^2+1}$ の $|z| \leqq 2$ における孤立特異点は $\pm i$．i は $f(z)$ の位数 1 の極で，留数は $\displaystyle\lim_{z\to i} \frac{\sin z}{z+i} = \frac{\sin i}{2i}$．$-i$ は $f(z)$ の位数 1 の極で，留数は $\displaystyle\lim_{z\to -i} \frac{\sin z}{z-i} = \frac{\sin i}{2i}$．

$$\int_{|z|=2} f(z)\,dz = 2\pi i \cdot \frac{\sin i}{2i} \cdot 2 = 2\pi \sin i$$
$$= \pi\left(e - \frac{1}{e}\right)i$$

(2) $f(z) = \dfrac{z^2}{z^4+1}$ とする．$z^4+1=0$ の解は，$z = \pm e^{\frac{\pi}{4}i}, \pm e^{\frac{3\pi}{4}i}$ で，このうち $|z-i|=1$ の内部にあるのは $e^{\frac{\pi}{4}i}$，$e^{\frac{3\pi}{4}i}$ である．

どちらも $f(z)$ の位数 1 の極で，$\dfrac{z^2}{(z^4+1)'} = \dfrac{1}{4z}$ であるから，$\mathrm{Res}\left[f(z), e^{\frac{\pi}{4}i}\right] = \dfrac{e^{-\frac{\pi}{4}i}}{4}$，$\mathrm{Res}\left[f(z), e^{\frac{3\pi}{4}i}\right] = \dfrac{e^{-\frac{3\pi}{4}i}}{4}$ となるので，

$$\int_{|z-i|=1} f(z)\,dz = 2\pi i \cdot \frac{e^{-\frac{\pi}{4}i} + e^{-\frac{3\pi}{4}i}}{4}$$
$$= 2\pi i\left(-\frac{\sqrt{2}}{4}i\right) = \frac{\sqrt{2}\pi}{2}$$

4.14 (1) $f(z)$

$$= \left(1 - \frac{2}{z}\right)\left(1 + \frac{1}{z} + \frac{1}{2!z^2} + \frac{1}{3!z^3} + \cdots\right)$$

$$= 1 + \sum_{n=1}^{\infty}\left\{\frac{1}{n!} - \frac{2}{(n-1)!}\right\}\frac{1}{z^n}$$

$$= \sum_{n=0}^{\infty}\frac{1-2n}{n!z^n}$$

(2) $\mathrm{Res}[f(z),0] = \dfrac{1-2}{1!} = -1$ であるから，

$$\int_{|z|=1} f(z)\,dz = -2\pi i.$$

4.15 (1) $(z-r)(R^2 - rz) = 0$ とすると，$z = r,\ \dfrac{R^2}{r}$ となる．$0 < r < R$ のとき，$\dfrac{R^2}{r} > R$ であるから，$|z| \leqq R$ における孤立特異点は r のみ．r は位数 1 の極で，留数は $\displaystyle\lim_{z\to r}\frac{1}{R^2 - rz} = \frac{1}{R^2 - r^2}$ であるから，$\displaystyle\int_{|z|=R}\frac{dz}{(z-r)(R^2-rz)} = \frac{2\pi i}{R^2 - r^2}$ となる．

(2) $z = Re^{i\theta}$ とすると，$dz = Rie^{i\theta}\,d\theta$ であるから，

$$\int_{|z|=R}\frac{dz}{(z-r)(R^2-rz)}$$

$$= \int_0^{2\pi}\frac{Rie^{i\theta}}{R\left\{R^2e^{i\theta} - Rr(e^{2i\theta}+1) + r^2e^{i\theta}\right\}}d\theta$$

$$= \int_0^{2\pi}\frac{i}{R^2 - Rr(e^{i\theta} + e^{-i\theta}) + r^2}d\theta$$

$$= \int_0^{2\pi}\frac{i}{R^2 - 2Rr\cos\theta + r^2}d\theta$$

(1) より，$\displaystyle\int_0^{2\pi}\frac{i}{R^2 - 2Rr\cos\theta + r^2}\,d\theta = \frac{2\pi i}{R^2 - r^2}$ となるので，等式が成立する．

4.16 $z^3 - 1 = 0$ とすると，$z = 1,\ \dfrac{-1 \pm \sqrt{3}i}{2}$ で，$\left|z + \dfrac{1}{2}\right| \leqq 1$ における $f(z) = \dfrac{1}{z^3 - 1}$ の孤立特異点は $\omega_1 = \dfrac{-1+\sqrt{3}i}{2}$，$\omega_2 = \dfrac{-1-\sqrt{3}i}{2}$ となる．

ω_1 は $f(z)$ の位数 1 の極で，留数は

$$\lim_{z\to\omega_1}(z - \omega_1)f(z) = -\frac{1-\sqrt{3}i}{6} \text{ である．}$$

ω_2 は $f(z)$ の位数 1 の極で，留数は

$$\lim_{z\to\omega_2}(z - \omega_2)f(z) = -\frac{1+\sqrt{3}i}{6} \text{ である．}$$

したがって，$\displaystyle\int_{|z+\frac{1}{2}|=1} f(z)\,dz =$

$$2\pi i\left(-\frac{1-\sqrt{3}i}{6} - \frac{1+\sqrt{3}i}{6}\right) = -\frac{2}{3}\pi i.$$

4.17 C_1 を実軸上の $x = -\sqrt{3}$ から $x = \sqrt{3}$ に向かう線分とすると，$\mathrm{C} + \mathrm{C}_1$ の内部における $\dfrac{1}{z^2+1}$ の孤立特異点は i のみであるので，

$$\int_{\mathrm{C}+\mathrm{C}_1}\frac{1}{z^2+1}\,dz = 2\pi i\,\mathrm{Res}\left[\frac{1}{z^2+1},\ i\right]$$

$= 2\pi i \cdot \dfrac{1}{2i} = \pi$．したがって，

$$\int_{\mathrm{C}}\frac{1}{z^2+1}\,dz = \pi - \int_{\mathrm{C}_1}\frac{1}{z^2+1}\,dz$$

$$= \pi - \int_{-\sqrt{3}}^{\sqrt{3}}\frac{1}{x^2+1}\,dx$$

$$= \pi - 2\Big[\tan^{-1}x\Big]_0^{\sqrt{3}}$$

$$= \pi - \frac{2\pi}{3} = \frac{\pi}{3}$$

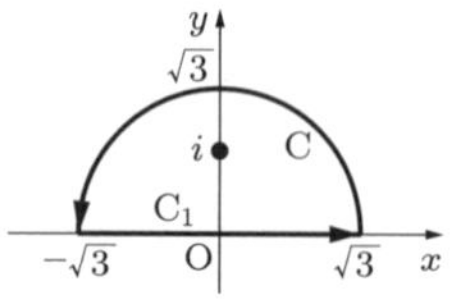

4.18 (1) $\mathrm{C}_R : z = Re^{i\theta} = R(\cos\theta + i\sin\theta)$ $(0 \leqq \theta \leqq \pi)$ とすると，$dz = iRe^{i\theta}\,d\theta$ となるから，次が成り立つ．

$$\text{左辺} = \left|\int_{\mathrm{C}_R} f(z)\,dz\right|$$

$$\leqq \int_0^{\pi}\left|\frac{1 - e^{iR\cos\theta - R\sin\theta}}{R^2e^{2i\theta}} \cdot iRe^{i\theta}\right|d\theta$$

$$= \int_0^{\pi}\frac{\left|1 - e^{-iR\cos\theta - R\sin\theta}\right|}{R}\,d\theta$$

$$\leqq \frac{1}{R}\int_0^{\pi}\left(1 + e^{-R\sin\theta}\right)d\theta$$

$$= \frac{2}{R}\int_0^{\frac{\pi}{2}}\left(1 + e^{-R\sin\theta}\right)d\theta$$

$$\leqq \frac{2}{R}\int_0^{\frac{\pi}{2}}\left(1+e^{-\frac{2R}{\pi}\theta}\right)d\theta$$
$$=\frac{2}{R}\left(\frac{\pi}{2}-\frac{\pi}{2R}e^{-R}+\frac{\pi}{2R}\right)$$
$$<\frac{(R+1)\pi}{R^2}=\text{右辺}$$

(2) $\lim_{R\to\infty}\left|\int_{C_R}f(z)\,dz\right| \leqq \lim_{R\to\infty}\frac{(R+1)\pi}{R^2}$ $=0$ であるので，$\lim_{R\to\infty}\int_{C_R}f(z)\,dz=0$ となる．

(3) $f(z)=\dfrac{1-e^{iz}}{z^2}$

$$=-\frac{1}{z^2}\left\{\frac{iz}{1!}+\frac{(iz)^2}{2!}+\frac{(iz)^3}{3!}+\cdots\right\}$$
$$=-\left(\frac{i}{z}+\frac{i^2}{2!}+\frac{i^3}{3!}z+\cdots\right)$$

となる．$\varphi(z)=-\left(\dfrac{i^2}{2!}+\dfrac{i^3}{3!}z+\cdots\right)$ とおくと，

$$\int_{C_\varepsilon}f(z)\,dz=\int_{C_\varepsilon}\left\{-\frac{i}{z}+\varphi(z)\right\}dz$$
$$=\int_0^{\pi}\left\{\frac{-i}{\varepsilon e^{i\theta}}+\varphi(\varepsilon e^{i\theta})\right\}i\varepsilon e^{i\theta}d\theta$$
$$=\pi+i\varepsilon\int_0^{\pi}e^{i\theta}\varphi(\varepsilon e^{i\theta})\,d\theta\to\pi$$
$$(\varepsilon\to+0)$$

(4) $\int_{C_1+C_2}f(z)\,dz$

$=\displaystyle\int_{-R}^{-\varepsilon}\frac{1-e^{ix}}{x^2}\,dx+\int_{\varepsilon}^{R}\frac{1-e^{ix}}{x^2}\,dx$ である．

$x=-t$ とおくと，

$$\int_{-R}^{-\varepsilon}\frac{1-e^{ix}}{x^2}\,dx=\int_R^{\varepsilon}\frac{1-e^{-it}}{t^2}(-dt)$$
$$=\int_{\varepsilon}^{R}\frac{1-e^{-ix}}{x^2}\,dx$$

となるので，

$$\int_{C_1+C_2}f(z)\,dz=\int_{\varepsilon}^{R}\frac{2-e^{ix}-e^{-ix}}{x^2}\,dx$$
$$=\int_{\varepsilon}^{R}\frac{2(1-\cos x)}{x^2}\,dx$$

(5) $\int_{C_1-C_\varepsilon+C_2+C_R}f(z)\,dz=0$ である．

$\varepsilon\to 0,\ R\to\infty$ とすると，

$$\int_0^{\infty}\frac{2(1-\cos x)}{x^2}\,dx$$
$$=\lim_{\varepsilon\to 0}\int_{C_\varepsilon}f(z)\,dz-\lim_{R\to\infty}\int_{C_R}f(z)\,dz=\pi$$

となるので，$\displaystyle\int_0^{\infty}\frac{1-\cos x}{x^2}\,dx=\frac{\pi}{2}$ より，

$$\int_{-\infty}^{\infty}\frac{1-\cos x}{x^2}\,dx=\pi$$

(6) $\left(\dfrac{\sin x}{x}\right)^2=\dfrac{1-\cos 2x}{2x^2}$ であるから，$2x=t$ とすると，

$$\int_{-\infty}^{\infty}\left(\frac{\sin x}{x}\right)^2dx=\int_{-\infty}^{\infty}\frac{1-\cos t}{\frac{t^2}{2}}\cdot\frac{1}{2}\,dt$$
$$=\int_{-\infty}^{\infty}\frac{1-\cos t}{t^2}\,dt=\pi$$

C 問題

1 (1) $\dfrac{\partial u}{\partial x}=3x^2-3y^2+6y$, $\dfrac{\partial u}{\partial y}=-6xy+6x$, $\dfrac{\partial^2 u}{\partial x^2}=6x$, $\dfrac{\partial^2 u}{\partial y^2}=-6x$ であるので，$\dfrac{\partial^2 u}{\partial x^2}+\dfrac{\partial^2 u}{\partial y^2}=0$ である．したがって，u は調和関数である．

(2) $\dfrac{\partial u}{\partial x}=\dfrac{\partial v}{\partial y}$ であるから，$\dfrac{\partial v}{\partial y}=3x^2-3y^2+6y$ となる．これより，$v=3x^2y-y^3+3y^2+\varphi(x)$ で，$\dfrac{\partial v}{\partial x}=-\dfrac{\partial u}{\partial y}$ より，$6xy+\varphi'(x)=6xy-6x$ となる．したがって，$\varphi'(x)=-6x$ で，$\varphi(x)=-3x^2+c$（c は任意の実数定数）である．これより，$v(x,y)=3x^2y-y^3-3x^2+3y^2+c$ で，条件 $v(0,0)=1$ より，$c=1$ となる．以上により，$v(x,y)=3x^2y-y^3-3x^2+3y^2+1$ となる．

(3) (2) の結果から，$f(z)=(x^3-3xy^2+6xy)+(3x^2y-y^3-3x^2+3y^2+1)i=(x^3+3ix^2y-3xy^2-iy^3)-3i(x^2+2ixy-y^2)+i=z^3-3iz^2+i$ となる．したがって，

$$\int_{|z|=1}\frac{f(z)}{z^3}\,dz=\int_{|z|=1}\left(1-\frac{3i}{z}+\frac{i}{z^3}\right)dz$$
$=-3i\cdot 2\pi i=6\pi$ となる．

[note]　調和関数 $u(x,y)$ に対して，$f(z)=u(x,y)+iv(x,y)$ が正則関数になるような調和関数 $v(x,y)$ を $u(x,y)$ の**共役調和関数**という．

2　与えられた方程式を変形すると，$(z-3+i)^2-(-3+i)^2=-8+14i$ より $(z-3+i)^2=8i$ となる．$8i=8e^{\frac{\pi}{2}i}$ であるから，

$$z-3+i=\pm 2\sqrt{2}e^{\frac{\pi}{4}i}=\pm 2\sqrt{2}\left(\frac{1}{\sqrt{2}}+\frac{i}{\sqrt{2}}\right)=\pm(2+2i)$$

したがって，$z=3-i\pm(2+2i)=5+i,\ 1-3i$ となる．

[note]　$az^2+bz+c=0$（$a,\ b,\ c$ は複素数，$a\neq 0$）のとき，$z=\dfrac{-b\pm\sqrt{b^2-4ac}}{2a}$ となる．このことを用いてもよい．

3　(1) $\log i=\left(\dfrac{\pi}{2}+2n\pi\right)i$ であるから，

$i^{-i}=e^{-i^2(\frac{\pi}{2}+2n\pi)}=e^{\frac{\pi}{2}+2n\pi}$（$n$ は整数）

(2) $\log(-i)=\left(-\dfrac{\pi}{2}+2n\pi\right)i$ であるから，

$(-i)^i=e^{i^2(-\frac{\pi}{2}+2n\pi)}=e^{\frac{\pi}{2}-2n\pi}$（$n$ は整数）

(3) $\log(-i)=\left(-\dfrac{\pi}{2}+2n\pi\right)i$ であるから，

$(-i)^{-i}=e^{(-i)^2(-\frac{\pi}{2}+2n\pi)}=e^{-(\frac{\pi}{2}+2n\pi)}$（$n$ は整数）

4　(1) $z^4+4=0$ とすると，$z=\sqrt{2}e^{i\frac{2k+1}{4}\pi}$ $(k=0,1,2,3)$ である．このうち積分経路の内部にある孤立特異点は，$z=\sqrt{2}e^{\frac{\pi}{4}i}$ である．

(2) 孤立特異点 $z=\sqrt{2}e^{\frac{\pi}{4}i}$ における $f(z)$ の留数は，

$$\mathrm{Res}\left[f,\sqrt{2}e^{\frac{\pi}{4}i}\right]=\left.\frac{z^2}{(z^4+4)'}\right|_{z=\sqrt{2}e^{\frac{\pi}{4}i}}=\left.\frac{1}{4z}\right|_{z=\sqrt{2}e^{\frac{\pi}{4}i}}=\frac{\sqrt{2}}{8}e^{-\frac{\pi}{4}i}=\frac{1}{8}(1-i)$$

したがって，留数定理により，

$$\int_{\mathrm{C}}f(z)\,dz=2\pi i\cdot\frac{1}{8}(1-i)=\frac{\pi}{4}(1+i)$$

(3) $\mathrm{C}_2: z=Re^{i\theta}$ $\left(0\leqq\theta\leqq\dfrac{\pi}{2}\right)$ とすると，

$$\int_{\mathrm{C}_2}f(z)\,dz=\int_{\mathrm{C}_2}\frac{z^2}{z^4+4}\,dz=\int_0^{\frac{\pi}{2}}\frac{R^2e^{2i\theta}}{R^4e^{4i\theta}+4}iRe^{i\theta}\,d\theta=\int_0^{\frac{\pi}{2}}\frac{iR^3e^{3i\theta}}{R^4e^{4i\theta}+4}\,d\theta$$

したがって，

$$\left|\int_{\mathrm{C}_2}f(z)\,dz\right|\leqq\int_0^{\frac{\pi}{2}}\left|\frac{iR^3e^{3i\theta}}{R^4e^{4i\theta}+4}\right|d\theta$$
$$=\int_0^{\frac{\pi}{2}}\frac{R^3}{|R^4e^{4i\theta}+4|}\,d\theta$$
$$\leqq\int_0^{\frac{\pi}{2}}\frac{R^3}{|R^4e^{4i\theta}|-4}\,d\theta$$
$$=\int_0^{\frac{\pi}{2}}\frac{R^3}{R^4-4}\,d\theta=\frac{R^3}{R^4-4}\cdot\frac{\pi}{2}$$
$$=\frac{\frac{1}{R}}{1-\frac{4}{R^4}}\cdot\frac{\pi}{2}\to 0\quad(R\to\infty)$$

(4) $-\mathrm{C}_3: z=ti$ $(0\leqq t\leqq R)$ より

$$\int_{\mathrm{C}_3}f(z)\,dz=-\int_{-\mathrm{C}_3}\frac{z^2}{z^4+4}\,dz=-\int_0^R\frac{-t^2}{t^4+4}\cdot i\,dt=i\int_0^R\frac{t^2}{t^4+4}\,dt$$

(2) で得られた $\displaystyle\int_{\mathrm{C}_1}f(z)\,dz+\int_{\mathrm{C}_2}f(z)\,dz+\int_{\mathrm{C}_3}f(z)\,dz=\frac{\pi}{4}(1+i)$ で，$R\to\infty$ とすると，

$$(1+i)\int_0^\infty\frac{x^2}{x^4+4}\,dx=\frac{\pi}{4}(1+i)$$

したがって，$\displaystyle\int_0^\infty\frac{x^2}{x^4+4}\,dx=\frac{\pi}{4}$

5　(1) $e^{\pi z}=-1$ より，$z=\dfrac{1}{\pi}\log(-1)=\dfrac{1}{\pi}(\pi+2n\pi)i=(2n+1)i$（$n$ は整数）となる．$|z|<10$ を満たす極は，$\pm i,\ \pm 3i,\ \pm 5i,\ \pm 7i,\ \pm 9i$．

(2) 極 $(2n+1)i$ における留数は，

$$\left.\frac{z^2}{(e^{\pi z}+1)'}\right|_{z=(2n+1)i} = \frac{-(2n+1)^2}{\pi e^{(2n+1)\pi i}} = \frac{(2n+1)^2}{\pi}$$ である．したがって，

$$\int_{|z|=10} f(z)\,dz$$
$$= 2\pi i\cdot 2\sum_{n=0}^{4}\frac{(2n+1)^2}{\pi}$$
$$= 4i\cdot\left(4\sum_{n=0}^{4}n^2+4\sum_{n=0}^{4}n+\sum_{n=0}^{4}1\right)$$
$$= 4i\cdot\left(\frac{4\cdot4\cdot5\cdot9}{6}+\frac{4\cdot4\cdot5}{2}+5\right)$$
$$= 660i$$

第3章 ラプラス変換

第1節 ラプラス変換

1.1 左辺 $=\mathcal{L}[t^n]=\displaystyle\int_0^\infty t^n e^{-st}\,dt$

$$=\left[-\frac{1}{s}t^n e^{-st}\right]_0^\infty+\frac{n}{s}\int_0^\infty t^{n-1}e^{-st}\,dt$$
$$=\frac{n}{s}\mathcal{L}\left[t^{n-1}\right]=\text{右辺}$$

1.2 (1) $\mathcal{L}[f(t)]=-\dfrac{3}{s}$

(2) $\mathcal{L}[f(t)]=-\dfrac{2}{s^2}+\dfrac{5}{s}$

(3) $\mathcal{L}[f(t)]=\dfrac{6}{s^4}-\dfrac{12}{s^3}+\dfrac{12}{s^2}-\dfrac{8}{s}$

1.3 (1) $\dfrac{1}{4}\mathcal{L}\left[e^{2t}-2+e^{-2t}\right]$

$$=\frac{1}{4}\left(\frac{1}{s-1}-\frac{2}{s}+\frac{1}{s+2}\right)$$
$$=\frac{1}{2}\left(\frac{s}{s^2-4}-\frac{1}{s}\right)$$

(2) $\dfrac{1}{8}\mathcal{L}\left[e^{3t}+3e^{t}+3e^{-t}+e^{-3t}\right]$

$$=\frac{1}{8}\left(\frac{1}{s-3}+\frac{3}{s-1}+\frac{3}{s+1}+\frac{1}{s+3}\right)$$
$$=\frac{1}{4}\left(\frac{s}{s^2-9}+\frac{3s}{s^2-1}\right)$$

1.4 (1) $\mathcal{L}[f(t)]=\dfrac{1}{(s+2)^2}$

(2) $\mathcal{L}[f(t)]=\dfrac{6}{(s-1)^4}$

(3) $\mathcal{L}[f(t)]=\dfrac{2}{(s-3)^3}-\dfrac{4}{s-3}$

1.5 (1) $\mathcal{L}[f(t)]=\dfrac{s-5}{(s-5)^2+1}$

(2) $\mathcal{L}[f(t)]=\dfrac{2}{(s+1)^2+4}$

(3) $\mathcal{L}[f(t)]=\dfrac{2s-1}{(s-2)^2+9}$

1.6 (1) $1+t+\dfrac{t^2}{2}$

(2) $\dfrac{1}{2}\sinh 2t+\dfrac{1}{\sqrt{3}}\sin\sqrt{3}t$

(3) $\dfrac{1}{2}\mathcal{L}^{-1}\left[\dfrac{1}{s-\frac{1}{2}}\right]=\dfrac{1}{2}e^{\frac{t}{2}}$

(4) $\dfrac{1}{2}t^2e^{-2t}$

1.7 (1) $\mathcal{L}^{-1}\left[\dfrac{1}{s-2}-\dfrac{2}{s+3}\right]=e^{2t}-2e^{-3t}$

(2) $\mathcal{L}^{-1}\left[\dfrac{2}{s}-\dfrac{1}{s-1}+\dfrac{3}{(s-1)^2}\right]$

$$=2-e^t+3te^t$$

(3) $\mathcal{L}^{-1}\left[-\dfrac{1}{s+1}+\dfrac{s+1}{s^2+4}\right]$

$$=-e^{-t}+\cos 2t+\frac{1}{2}\sin 2t$$

1.8 $\mathcal{L}[x(t)]=X(s)$ とする．

(1) $sX(s)+2-X(s)=\dfrac{1}{s-2}$ であるから，$X(s)=\dfrac{-2s+5}{(s-2)(s-1)}=\dfrac{1}{s-2}-\dfrac{3}{s-1}$．したがって，$x(t)=e^{2t}-3e^t$．

(2) $sX(s)-3+2X(s)=\dfrac{6}{s^2}-\dfrac{1}{s}$ であるから，$X(s)=\dfrac{3s^2-s+6}{(s+2)s^2}=\dfrac{5}{s+2}+\dfrac{3}{s^2}-\dfrac{2}{s}$．したがって，$x(t)=5e^{-2t}+3t-2$．

1.9 $\mathcal{L}[x(t)]=X(s)$ とする．

(1) $s^2X(s)+4X(s)=\dfrac{8}{s-2}$ であるから，$X(s)=\dfrac{8}{(s^2+4)(s-2)}=\dfrac{-s-2}{s^2+4}+\dfrac{1}{s-2}$．したがって，$x(t)=-\cos 2t-\sin 2t+e^{2t}$．

(2) $s^2X(s)-3-2sX(s)=\dfrac{2}{s}$ であるから，$X(s)=\dfrac{3s+2}{s^2(s-2)}=-\dfrac{2}{s}-\dfrac{1}{s^2}+\dfrac{2}{s-2}$．したがって，$x(t)=-2-t+2e^{2t}$．

1.10　(1) $\mathcal{L}\left[\sin^2 t\right]=\mathcal{L}\left[\dfrac{1-\cos 2t}{2}\right]$

$=\dfrac{1}{2}\left(\dfrac{1}{s}-\dfrac{s}{s^2+4}\right)$

(2) $\mathcal{L}\left[\cos^2 t\right]=\mathcal{L}\left[1-\sin^2 t\right]$

$=\dfrac{1}{s}-\dfrac{1}{2}\left(\dfrac{1}{s}-\dfrac{s}{s^2+4}\right)=\dfrac{s^2+2}{s(s^2+4)}$

(3) $\mathcal{L}[\sin 3t\cos t]=\mathcal{L}\left[\dfrac{1}{2}(\sin 4t+\sin 2t)\right]$

$=\dfrac{2}{s^2+16}+\dfrac{1}{s^2+4}$

[note]　$\sin\alpha\cos\beta=\dfrac{1}{2}\{\sin(\alpha+\beta)+\sin(\alpha-\beta)\}$

1.11　(1) $\mathcal{L}[t\cos\omega t]=-\left(\dfrac{s}{s^2+\omega^2}\right)'$

$=\dfrac{s^2-\omega^2}{(s^2+\omega^2)^2}$

(2) $\mathcal{L}\left[te^{-2t}\sin t\right]=-\left\{\dfrac{1}{(s+2)^2+1}\right\}'$

$=\dfrac{2s+4}{(s^2+4s+5)^2}$

(3) $\mathcal{L}\left[t^2\sin\omega t\right]=(-1)^2\left(\dfrac{\omega}{s^2+\omega^2}\right)''$

$=\left\{\dfrac{-2\omega s}{(s^2+\omega^2)^2}\right\}'=\dfrac{2\omega(3s^2-\omega^2)}{(s^2+\omega^2)^3}$

(4) $\mathcal{L}\left[t^2\cosh\omega t\right]=(-1)^2\left(\dfrac{s}{s^2-\omega^2}\right)''$

$=\left\{\dfrac{-s^2-\omega^2}{(s^2-\omega^2)^2}\right\}'=\dfrac{2s(s^2+3\omega^2)}{(s^2-\omega^2)^3}$

1.12　(1) $\mathcal{L}^{-1}\left[\dfrac{1}{s^2+2s+5}\right]$

$=\mathcal{L}^{-1}\left[\dfrac{1}{(s+1)^2+4}\right]=\dfrac{1}{2}e^{-t}\sin 2t$

(2) $\mathcal{L}^{-1}\left[\dfrac{s+1}{s^2-4s+13}\right]$

$=\mathcal{L}^{-1}\left[\dfrac{s-2}{(s-2)^2+9}+\dfrac{3}{(s-2)^2+9}\right]$

$=e^{2t}(\cos 3t+\sin 3t)$

(3) $\dfrac{1}{s^3-s^2-2s}=\dfrac{a}{s}+\dfrac{b}{s+1}+\dfrac{c}{s-2}$ とすると，$a=-\dfrac{1}{2}$, $b=\dfrac{1}{3}$, $c=\dfrac{1}{6}$.

$\mathcal{L}^{-1}\left[\dfrac{1}{s^3-s^2-2s}\right]$

$=\mathcal{L}^{-1}\left[-\dfrac{1}{2s}+\dfrac{1}{3(s+1)}+\dfrac{1}{6(s-2)}\right]$

$=-\dfrac{1}{2}+\dfrac{1}{3}e^{-t}+\dfrac{1}{6}e^{2t}$

(4) $\dfrac{1}{s^3-1}=\dfrac{a}{s-1}+\dfrac{bs+c}{s^2+s+1}$ とすると，$a=\dfrac{1}{3}$, $b=-\dfrac{1}{3}$, $c=-\dfrac{2}{3}$.

$\dfrac{1}{s^3-1}=\dfrac{1}{3}\left(\dfrac{1}{s-1}-\dfrac{s+2}{s^2+s+1}\right)$

$\mathcal{L}^{-1}\left[\dfrac{1}{s-1}\right]=e^t$,

$\mathcal{L}^{-1}\left[\dfrac{s+2}{s^2+s+1}\right]=\mathcal{L}^{-1}\left[\dfrac{s+\frac{1}{2}+\frac{3}{2}}{\left(s+\frac{1}{2}\right)^2+\frac{3}{4}}\right]$

$=e^{-\frac{t}{2}}\left(\sqrt{3}\sin\dfrac{\sqrt{3}t}{2}+\cos\dfrac{\sqrt{3}t}{2}\right)$ であるので，

$\mathcal{L}^{-1}\left[\dfrac{1}{s^3-1}\right]$

$=\dfrac{1}{3}\left\{e^t-e^{-\frac{t}{2}}\left(\sqrt{3}\sin\dfrac{\sqrt{3}t}{2}+\cos\dfrac{\sqrt{3}t}{2}\right)\right\}$

(5) $s^3-3s+2=(s+2)(s-1)^2$ である.

$\dfrac{1}{(s+2)(s-1)^2}=\dfrac{a}{s+2}+\dfrac{b}{s-1}+\dfrac{c}{(s-1)^2}$ とすると，$a=\dfrac{1}{9}$, $b=-\dfrac{1}{9}$, $c=\dfrac{1}{3}$.

$\mathcal{L}^{-1}\left[\dfrac{1}{s^3-3s+2}\right]$

$=\dfrac{1}{9}\mathcal{L}^{-1}\left[\dfrac{1}{s+2}-\dfrac{1}{s-1}+\dfrac{3}{(s-1)^2}\right]$

$=\dfrac{1}{9}(e^{-2t}-e^t+3te^t)$

(6) $\dfrac{2}{s^4-1}=\dfrac{a}{s^2-1}+\dfrac{b}{s^2+1}$ とすると，$a=1$, $b=-1$

$\mathcal{L}^{-1}\left[\dfrac{2}{s^4-1}\right]=\mathcal{L}^{-1}\left[\dfrac{1}{s^2-1}-\dfrac{1}{s^2+1}\right]$

$=\sinh t-\sin t$

1.13　$\mathcal{L}\left[\displaystyle\int_0^t f(\tau)\,d\tau\right]=\dfrac{1}{s}F(s)$ であるから，

$\mathcal{L}^{-1}\left[\dfrac{1}{s}F(s)\right]=\displaystyle\int_0^t f(\tau)\,d\tau$ となる.

(1) $\mathcal{L}^{-1}\left[\dfrac{1}{s^2-4}\right]=\sinh 2t$ であるので，

$\mathcal{L}^{-1}\left[\dfrac{1}{s(s^2-4)}\right]=\dfrac{1}{2}\displaystyle\int_0^t\sinh 2\tau\,d\tau$

$$= \frac{1}{2}\left[\frac{1}{2}\cosh 2\tau\right]_0^t$$
$$= \frac{1}{4}(\cosh 2t - 1)$$

(2) $\mathcal{L}^{-1}\left[\dfrac{1}{(s-3)^2}\right] = te^{3t}$ であるので，

$$\mathcal{L}^{-1}\left[\frac{1}{s(s-3)^2}\right] = \int_0^t \tau e^{3\tau}\,d\tau$$
$$= \left[\frac{1}{3}\tau e^{3\tau}\right]_0^t - \int_0^t \frac{1}{3}e^{3\tau}\,d\tau$$
$$= \frac{1}{3}te^{3t} - \frac{1}{9}e^{3t} + \frac{1}{9}$$

1.14 (1) $f'(t) = \cos 5t - 5t\sin 5t$ より，$f''(t) = -5\sin 5t - 5\sin 5t - 25t\cos 5t = -10\sin 5t - 25f(t)$ となる．

(2) $f(0) = 0,\ f'(0) = 1$ であるから，$\mathcal{L}[f''(t)] = s^2\mathcal{L}[f(t)] - sf(0) - f'(0) = s^2\mathcal{L}[f(t)] - 1$ となる．

(3) $f''(t) = -10\sin 5t - 25f(t)$ の両辺をラプラス変換すると，$s^2\mathcal{L}[f(t)] - 1 = -10\mathcal{L}[\sin 5t] - 25\mathcal{L}[f(t)]$.

したがって，$(s^2+25)\mathcal{L}[f(t)] = -\dfrac{50}{s^2+25} + 1$ となるので，$\mathcal{L}[f(t)] = \dfrac{s^2-25}{(s^2+25)^2}$.

1.15 (1) $f'(t) = \cos t\sinh t + \sin t\cosh t$,
$f''(t) = 2\cos t\cos\mathrm{h}t$,
$f'''(t) = -2\sin t\cosh t + 2\cos t\sinh t$,
$f^{(4)}(t) = -4\sin t\sinh ht$,
したがって，$f^{(4)}(t) = -4f(t)$ となる．

(2) $f(0) = 0,\ f'(0) = 0,\ f''(0) = 2,\ f'''(0) = 0$ であるから，$\mathcal{L}\left[f^{(4)}(t)\right] = s^4\mathcal{L}[f(t)] - s^3f(0) - s^2f'(0) - sf''(0) - f'''(0) = s^4\mathcal{L}[f(t)] - 2s$ となる．

(3) $f^{(4)}(t) = -4f(t)$ の両辺をラプラス変換すると，$s^4\mathcal{L}[f(t)] - 2s = -4\mathcal{L}[f(t)]$. したがって，$(s^4+4)\mathcal{L}[f(t)] = 2s$ となるので，$\mathcal{L}[f(t)] = \dfrac{2s}{s^4+4}$.

1.16 $\mathcal{L}[x(t)] = X(s)$ とする．両辺をラプラス変換すると，$s^3X(s) - s^2 - 3(s^2X(s) - s) + 3(sX(s) - 1) - X(s) = \dfrac{1}{(s-1)^2}$ となるから，

$$(s-1)^3X(s) = \frac{1}{(s-1)^2} + s^2 - 3s + 3.$$

$s^2 - 3s + 3 = (s-1)^2 + a(s-1) + b$ とすると，$a = -1,\ b = 1$ であるから，$X(s) = \dfrac{1}{(s-1)^5} + \dfrac{1}{(s-1)^3} - \dfrac{1}{(s-1)^2} + \dfrac{1}{s-1}$.

したがって，解は $x(t) = \dfrac{e^t}{24}(t^4 + 12t^2 - 24t + 24)$.

1.17 (1) $\Gamma\left(\dfrac{3}{2}\right) = \Gamma\left(\dfrac{1}{2}+1\right) = \dfrac{1}{2}\Gamma\left(\dfrac{1}{2}\right) = \dfrac{\sqrt{\pi}}{2}$

(2) $\Gamma\left(\dfrac{5}{2}\right) = \dfrac{3}{2}\Gamma\left(\dfrac{3}{2}\right) = \dfrac{3}{2}\cdot\dfrac{\sqrt{\pi}}{2} = \dfrac{3\sqrt{\pi}}{4}$

1.18 $\mathcal{L}[t^a] = \displaystyle\int_0^\infty e^{-st}t^a\,dt$ である．ここで，$x = st$ とおくと $dx = s\,dt$ であるから，求めるラプラス変換は次のようになる．

$$\mathcal{L}[t^a] = \int_0^\infty e^{-x}\left(\frac{x}{s}\right)^a\frac{dx}{s}$$
$$= \frac{1}{s^{a+1}}\int_0^\infty e^{-x}x^a\,dx = \frac{\Gamma(a+1)}{s^{a+1}}$$

このことと Q1.17 を用いれば，次が得られる．

(1) $\mathcal{L}\left[\sqrt{t}\right] = \mathcal{L}\left[t^{\frac{1}{2}}\right] = \dfrac{\Gamma\left(\frac{3}{2}\right)}{s^{\frac{3}{2}}} = \dfrac{\sqrt{\pi}}{2}\cdot\dfrac{1}{\sqrt{s^3}} = \dfrac{1}{2}\sqrt{\dfrac{\pi}{s^3}}$

(2) $\mathcal{L}\left[\dfrac{1}{\sqrt{t}}\right] = \mathcal{L}\left[t^{-\frac{1}{2}}\right] = \dfrac{\Gamma\left(\frac{1}{2}\right)}{s^{\frac{1}{2}}} = \sqrt{\pi}\cdot\dfrac{1}{\sqrt{s}} = \sqrt{\dfrac{\pi}{s}}$

第2節 デルタ関数と線形システム

2.1 (1) $\dfrac{e^{-3s}}{s}$ (2) $\dfrac{e^{-5s}}{s^2}$ (3) $\dfrac{2e^{-s}}{s^3}$

(4) $U(t-1)$

(5) $e^{-5(t-2)}U(t-2)$
$$= \begin{cases} 0 & (t < 2) \\ e^{-5(t-2)} & (t \geqq 2) \end{cases}$$

(6) $(t-3)U(t-3) = \begin{cases} 0 & (t < 3) \\ t-3 & (t \geqq 3) \end{cases}$

2.2 (1) -6 (2) $-e^{-2\pi}$

2.3　(1) $t^2*t=\int_0^t \tau^2(t-\tau)\,d\tau=\left[\frac{t\tau^3}{3}-\frac{\tau^4}{4}\right]_0^t=\frac{t^4}{12}$

(2) $t*\sin t=\sin t*t=\int_0^t \sin\tau(t-\tau)\,d\tau=\left[-(t-\tau)\cos\tau\right]_0^t-\int_0^t\cos\tau\,d\tau=t-\sin t$

2.4　(1) $\mathcal{L}^{-1}\left[\frac{1}{s}\right]*\mathcal{L}^{-1}\left[\frac{1}{s+3}\right]=1*e^{-3t}=\int_0^t e^{-3\tau}\,d\tau=-\frac{1}{3}e^{-3t}+\frac{1}{3}$

(2) $\mathcal{L}^{-1}\left[\frac{1}{s^2}\right]*\mathcal{L}^{-1}\left[\frac{2}{s^2+4}\right]=t*\sin 2t=\int_0^t(t-\tau)\sin 2\tau\,d\tau=\frac{t}{2}-\frac{1}{4}\sin 2t.$

2.5　(1) $\int_0^t e^{2\tau}d\tau=\frac{1}{2}\left(e^{2t}-1\right)$

(2) $U(t-1)(t-1)^3=\begin{cases}0 & (t<1)\\(t-1)^3 & (t\geqq 1)\end{cases}$

2.6　$F(s)=\frac{1}{s^2-1}$, $f(t)=\sinh t$

(1) $x(t)=t*\sinh t=\int_0^t(t-\tau)\sinh\tau\,d\tau=-t+\sinh t$

(2) $x(t)=e^t*\sinh t=\int_0^t e^{t-\tau}\sinh\tau\,d\tau$

$=\frac{1}{2}\int_0^t\left(e^t-e^{t-2\tau}\right)d\tau$

$=\frac{1}{2}te^t+\frac{1}{4}(e^{-t}-e^t)=\frac{1}{2}te^t-\frac{1}{2}\sinh t$

2.7　$f(t)=\mathcal{L}^{-1}\left[\frac{1}{s^2-4s-5}\right]$

$=\mathcal{L}^{-1}\left[\frac{\frac{1}{6}}{s-5}-\frac{\frac{1}{6}}{s+1}\right]=\frac{1}{6}(e^{5t}-e^{-t})$,

$g(t)=\int_0^t\frac{1}{6}\left(e^{5\tau}-e^{-\tau}\right)d\tau=\frac{1}{30}(e^{5t}+5e^{-t}-6)$

2.8　$\mathcal{L}[x(t)]=X(s)$ とする．

(1) 両辺をラプラス変換すると，$s^2X(s)-2-X(s)=e^{-s}$ であるから，$X(s)=\frac{2}{s^2-1}+\frac{e^{-s}}{s^2-1}$ となる．したがって，

$x(t)=2\sinh t+U(t-1)\sinh(t-1)=\begin{cases}2\sinh t & (t<1)\\2\sinh t+\sinh(t-1) & (t\geqq 1)\end{cases}$

(2) 両辺をラプラス変換すると，$s^2X(s)-2-X(s)=\frac{e^{-s}}{s^2}$ であるから，

$$X(s)=\frac{2}{s^2-1}+\frac{e^{-s}}{s^2(s^2-1)}$$
$$=\frac{2}{s^2-1}+e^{-s}\left(\frac{1}{s^2-1}-\frac{1}{s^2}\right)$$

となる．したがって，

$x(t)$
$=2\sinh t+U(t-1)\{\sinh(t-1)-(t-1)\}$

$=\begin{cases}2\sinh t & (t<1)\\2\sinh t+\sinh(t-1)-t+1 & (t\geqq 1)\end{cases}$

2.9　$f(t)=-\frac{a}{k}(t-k)U(t)+\frac{a}{k}(t-k)U(t-k)$ となる．したがって，$\mathcal{L}[f(t)]=-\frac{a}{k}\mathcal{L}[t-k]+\frac{a}{k}e^{-ks}\mathcal{L}[t]=\frac{a}{k}\left(-\frac{1}{s^2}+\frac{k}{s}+\frac{e^{-ks}}{s^2}\right)=\frac{a}{s^2}\left(s+\frac{e^{-ks}-1}{k}\right)$.

2.10　$\mathcal{L}[x(t)]=X(s)$ とする．両辺をラプラス変換すると，$(s^2-s-6)X(s)=\frac{e^{-s}-e^{-2s}}{s}$ となるから，$X(s)=\frac{e^{-s}-e^{-2s}}{s(s+2)(s-3)}$.

$\frac{1}{s(s+2)(s-3)}=\frac{a}{s}+\frac{b}{s+2}+\frac{c}{s-3}$ とすると，$a=-\frac{1}{6}$, $b=\frac{1}{10}$, $c=\frac{1}{15}$ であるから，$X(s)=\frac{e^{-s}-e^{-2s}}{30}\left(-\frac{5}{s}+\frac{3}{s+2}+\frac{2}{s-3}\right)$.

$F(s)=-\frac{5}{s}+\frac{3}{s+2}+\frac{2}{s-3}$, $f(t)=\mathcal{L}^{-1}[F(s)]=-5+3e^{-2t}+2e^{3t}$ とすると，

$$x(t)=\frac{1}{30}\mathcal{L}^{-1}\left[e^{-s}F(s)-e^{-2s}F(s)\right]$$
$$=\frac{U(t-1)f(t-1)-U(t-2)f(t-2)}{30}$$

となるので，

$$x(t)=\begin{cases} 0 & (t<1) \\ -\dfrac{1}{6}+\dfrac{e^{-2(t-1)}}{10}+\dfrac{e^{3(t-1)}}{15} & (1 \leqq t<2) \\ \dfrac{e^{-2(t-1)}-e^{-2(t-2)}}{10} + \dfrac{e^{3(t-1)}-e^{3(t-2)}}{15} & (t \geqq 2) \end{cases}$$

2.11 (1) $f(t)-U(t-T)f(t-T)=\phi(t)$ の両辺をラプラス変換すると，$\mathcal{L}[f(t)]-e^{-Ts}\mathcal{L}[f(t)]=\mathcal{L}[\phi(t)]$ となるから，$\mathcal{L}[f(t)]=\dfrac{\mathcal{L}[\phi(t)]}{1-e^{-Ts}}$.

(2) $\mathcal{L}[f(t)]=\dfrac{\mathcal{L}[\delta(t)]}{1-e^{-Ts}}=\dfrac{1}{1-e^{-Ts}}$

(3) $\mathcal{L}[f(t)]=\dfrac{\mathcal{L}[t]}{1-e^{-s}}=\dfrac{1}{(1-e^{-s})s^2}$

(4) $\mathcal{L}[f(t)]=\dfrac{\mathcal{L}[\sin t]}{1-e^{-\pi s}}=\dfrac{1}{(1-e^{-\pi s})(s^2+1)}$

2.12 (1) $\mathcal{L}^{-1}\left[\dfrac{1}{(s^2+4)^2}\right]$

$$=\mathcal{L}^{-1}\left[\frac{1}{s^2+4}\right]*\mathcal{L}^{-1}\left[\frac{1}{s^2+4}\right]$$
$$=\frac{1}{2}\sin 2t*\frac{1}{2}\sin 2t$$
$$=\frac{1}{4}\int_0^t \sin 2\tau\sin 2(t-\tau)\,d\tau$$
$$=-\frac{1}{8}\int_0^t \{\cos 2t-\cos(4\tau-2t)\}\,d\tau$$
$$=-\frac{1}{8}t\cos 2t+\frac{1}{16}\sin 2t$$

(2) $\mathcal{L}^{-1}\left[\dfrac{s}{(s^2+1)(s^2+4)}\right]$

$$=\mathcal{L}^{-1}\left[\frac{1}{s^2+1}\right]*\mathcal{L}^{-1}\left[\frac{s}{s^2+4}\right]$$
$$=\cos 2t*\sin t$$
$$=\int_0^t \cos 2\tau\sin(t-\tau)d\tau$$
$$=\frac{1}{2}\int_0^t \{\sin(\tau+t)-\sin(3\tau-t)\}\,d\tau$$
$$=-\frac{1}{3}\cos 2t+\frac{1}{3}\cos t$$

(3) $\mathcal{L}^{-1}\left[\dfrac{s^2}{(s^2+1)(s^2+9)}\right]$

$$=\mathcal{L}^{-1}\left[\frac{s}{s^2+1}\right]*\mathcal{L}^{-1}\left[\frac{s}{s^2+9}\right]$$
$$=\cos 3t*\cos t=\int_0^t \cos 3\tau\cos(t-\tau)\,d\tau$$
$$=\frac{1}{2}\int_0^t \{\cos(2\tau+t)+\cos(4\tau-t)\}\,d\tau$$
$$=\frac{3}{8}\sin 3t-\frac{1}{8}\sin t$$

> **[note]** $\cos\alpha\cos\beta=\dfrac{1}{2}\{\cos(\alpha+\beta)+\cos(\alpha-\beta)\}$,
> $\sin\alpha\sin\beta=-\dfrac{1}{2}\{\cos(\alpha+\beta)-\cos(\alpha-\beta)\}$

2.13 $\mathcal{L}[x(t)]=X(s)$ とする．両辺をラプラス変換すると，$s^2X(s)-2s+X(s)=\dfrac{1}{s^2+1}$ となるから，$X(s)=\dfrac{1}{(s^2+1)^2}+\dfrac{2s}{s^2+1}$.

したがって，$x(t)=\mathcal{L}^{-1}\left[\dfrac{1}{(s^2+1)^2}+\dfrac{2s}{s^2+1}\right]$

$=\sin t*\sin t+2\cos t$.

$$\sin t*\sin t=\int_0^t \sin\tau\sin(t-\tau)\,d\tau$$
$$=-\frac{1}{2}\int_0^t \{\cos t-\cos(2\tau-t)\}\,d\tau$$
$$=-\frac{1}{2}t\cos t+\frac{1}{2}\sin t$$

となるので，解は $x(t)=-\dfrac{1}{2}t\cos t+\dfrac{1}{2}\sin t+2\cos t$.

2.14 与えられた積分方程式は，合成積を用いて

$$x(t)-x(t)*\sin t=t$$

と表すことができる．この式の両辺をラプラス変換し，$X(s)=\mathcal{L}[x(t)]$ について解くと，$X(s)-X(s)\cdot\dfrac{1}{s^2+1}=\dfrac{1}{s^2}$ より，$X(s)=\dfrac{s^2+1}{s^4}=\dfrac{1}{s^2}+\dfrac{1}{s^4}$. これを逆ラプラス変換すれば，

$$x(t)=\mathcal{L}^{-1}\left[\frac{1}{s^2}\right]+\mathcal{L}^{-1}\left[\frac{1}{s^4}\right]=t+\frac{t^3}{6}$$

C 問題

1 (1) $\mathcal{L}\left[tx'(t)\right] = -\dfrac{d}{ds}\{sX(s) - x(0)\}$

$$= -X(s) - sX'(s),$$

$$\mathcal{L}\left[tx''(t)\right] = -\frac{d}{ds}\left\{s^2X(s) - sx(0) - x'(0)\right\}$$

$$= -2sX(s) - s^2X'(s) + x(0)$$

(2) $tx''(t) + (2t-1)x'(t) - 2x(t) = 0$ の両辺をラプラス変換すると,

$$-2sX(s) - s^2X'(s) + x(0) + 2\left\{-X(s) - sX'(s)\right\} - \{sX(s) - x(0)\} - 2X(s) = 0$$

となるので,

$$X'(s) + \frac{3s+4}{s(s+2)}X(s) = \frac{2a}{s(s+2)} \quad \cdots ①$$

$X'(s) + \dfrac{3s+4}{s(s+2)}X(s) = 0$ とすると, $\dfrac{dX(s)}{ds} = -\dfrac{3s+4}{s(s+2)}X(s)$ より, $\dfrac{dX(s)}{X(s)} = -\left(\dfrac{2}{s} + \dfrac{1}{s+2}\right)ds$ であるから, $\log X(s) = -2\log s - \log(s+2) + C_1$（$C_1$ は任意定数）. したがって, $C_2 = \pm e^{C_1}$ として, $X(s) = \dfrac{C_2}{s^2(s+2)}$. $X(s) = \dfrac{u}{s^2(s+2)}$（$u$ は s の関数）として, ① に代入すると, $u' = 2as$ となるので, $u = as^2 + C_3$（C_3 は任意定数）. 以上により,

$$X(s) = \frac{a}{s+2} + \frac{C_3}{s^2(s+2)}$$

$$= \frac{a}{s+2} + \frac{C_3}{4}\left(-\frac{1}{s} + \frac{2}{s^2} + \frac{1}{s+2}\right)$$

となる. $\dfrac{C_3}{4} = C$ とすると, 求める解は

$$x(t) = ae^{-2t} + C\left(-1 + 2t + e^{-2t}\right)$$

（C は任意定数）

第 4 章　フーリエ級数とフーリエ変換

第 1 節　フーリエ級数

1.1 周期, 周波数の順に示す.　(1) $\dfrac{2}{3}$, $\dfrac{3}{2}$

(2) 10, $\dfrac{1}{10}$　(3) 6π, $\dfrac{1}{6\pi}$　(4) π, $\dfrac{1}{\pi}$

1.2

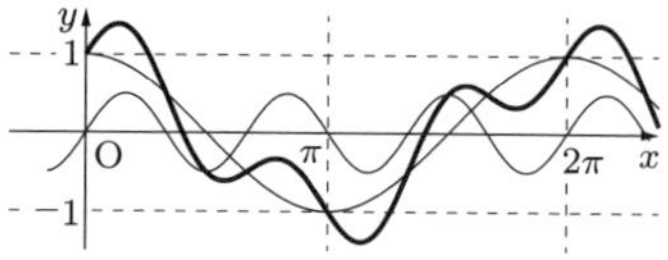

1.3 (1)

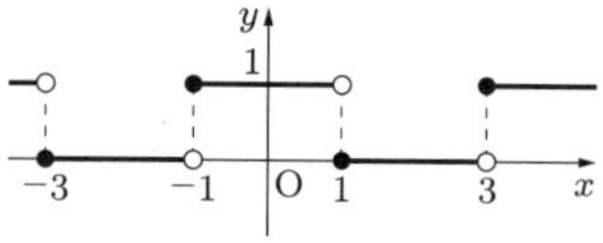

$$a_0 = \frac{1}{4}\int_{-1}^{1} dx = \frac{1}{2},$$

$$a_n = \frac{2}{4}\int_{-1}^{1}\cos\frac{n\pi x}{2}\,dx = \frac{2}{n\pi}\sin\frac{n\pi}{2},$$

$$b_n = \frac{2}{4}\int_{-1}^{1}\sin\frac{n\pi x}{2}\,dx = 0 \quad (n = 1, 2, \ldots)$$

$$f(x) \sim \frac{1}{2} + \frac{2}{\pi}\left(\cos\frac{\pi x}{2} - \frac{1}{3}\cos\frac{3\pi x}{2} + \frac{1}{5}\cos\frac{5\pi x}{2} - \frac{1}{7}\cos\frac{7\pi x}{2} + \cdots\right)$$

(2)

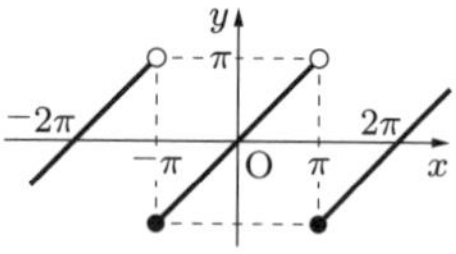

$$a_0 = \frac{1}{2\pi}\int_{-\pi}^{\pi} x\,dx = 0,$$

$$a_n = \frac{2}{2\pi}\int_{-\pi}^{\pi} x\cos nx\,dx = 0,$$

$$b_n = \frac{2}{2\pi}\int_{-\pi}^{\pi} x\sin nx\,dx$$

$$= \frac{1}{\pi}\left(\left[-\frac{x}{n}\cos nx\right]_{-\pi}^{\pi} + \int_{-\pi}^{\pi}\frac{1}{n}\cos nx\,dx\right)$$

$$= -\frac{2}{n}\cos n\pi = \frac{2}{n}(-1)^{n+1} \quad (n = 1, 2, \ldots)$$

$$f(x) \sim 2\left(\sin x - \frac{1}{2}\sin 2x + \frac{1}{3}\sin 3x - \frac{1}{4}\sin 4x + \cdots\right)$$

1.4 (1) $x = 0$ とすると,

$1 = \dfrac{1}{2} + \dfrac{2}{\pi}\left(1 - \dfrac{1}{3} + \dfrac{1}{5} - \dfrac{1}{7} + \cdots\right)$ となる. したがって, 等式が成り立つ.

(2) $x = \dfrac{\pi}{2}$ とすると,

$\dfrac{\pi}{2} = 2\left(1 - \dfrac{1}{3} + \dfrac{1}{5} - \dfrac{1}{7} + \cdots\right)$ となる．したがって，等式が成り立つ．

1.5 (1) フーリエ余弦係数は $a_0 = \dfrac{1}{\pi}\displaystyle\int_0^{\pi}(\pi - x)\,dx = \dfrac{\pi}{2}$, $a_n = \dfrac{2}{\pi}\displaystyle\int_0^{\pi}(\pi - x)\cos nx\,dx =$

$\dfrac{2}{\pi}\left(\left[\dfrac{\pi - x}{n}\sin nx\right]_0^{\pi} + \displaystyle\int_0^{\pi}\dfrac{1}{n}\sin nx\,dx\right)$

$= \dfrac{2\{1-(-1)^n\}}{\pi n^2}$ $(n = 1, 2, \ldots)$.

フーリエ余弦級数は $f(x) \sim \dfrac{\pi}{2} + \dfrac{4}{\pi}\left(\cos x + \dfrac{1}{9}\cos 3x + \dfrac{1}{25}\cos 5x + \cdots\right)$.

(2) フーリエ正弦係数は $b_n =$

$2\left\{\displaystyle\int_0^{\frac{1}{2}} 2x\sin n\pi x\,dx + \int_{\frac{1}{2}}^{1}(2-2x)\sin n\pi x\,dx\right\}$

$= 4\left(\left[-\dfrac{x}{n\pi}\cos n\pi x\right]_0^{\frac{1}{2}} + \displaystyle\int_0^{\frac{1}{2}}\dfrac{1}{n\pi}\cos n\pi x\,dx + \left[-\dfrac{1-x}{n\pi}\cos n\pi x\right]_{\frac{1}{2}}^{1} - \int_{\frac{1}{2}}^{1}\dfrac{1}{n\pi}\cos n\pi x\,dx\right)$

$= \dfrac{8}{n^2\pi^2}\sin\dfrac{n\pi}{2}$ $(n = 1, 2, \ldots)$.

フーリエ正弦級数は $f(x) \sim \dfrac{8}{\pi^2}\left(\sin \pi x - \dfrac{1}{9}\sin 3\pi x + \dfrac{1}{25}\sin 5\pi x - \cdots\right)$.

1.6 $u(x,t) = X(x)T(t)$ とすると，$\dfrac{X''(x)}{X(x)} = \dfrac{T'(t)}{T(t)} = \lambda$ （λ は定数）．

$X''(x) = \lambda X(x)$ の解で，境界条件を満たし $X(x) \neq 0$ となるものは $X = A\cos\sqrt{-\lambda}x + B\cos\sqrt{-\lambda}x$ $(\lambda < 0)$ のみである．境界条件から，$A = 0$, $B \neq 0$, $\lambda = -n^2\pi^2$ （n は整数）となることがわかり，$X(x) = B\sin n\pi x$ となる．

$T'(t) = \lambda T(t)$ より，$T(t) = Ce^{-n^2\pi^2 t}$ となるので，$u_n(x,t) = C_n e^{-n^2\pi^2 t}\sin n\pi x$ は境界条件を満たす解となる．$u(x,t) = \displaystyle\sum_{n=1}^{\infty} u_n(x,t)$ とすると，$u(x,0) = \displaystyle\sum_{n=1}^{\infty} C_n \sin n\pi x$. 初期条件のフーリエ正弦級数は

$\dfrac{8}{\pi^2}\left(\sin \pi x - \dfrac{1}{9}\sin 3\pi x + \dfrac{1}{25}\sin 5x - \cdots\right)$

(Q1.5(2)) となるから，$C_{2n-1} = \dfrac{8(-1)^{n+1}}{(2n-1)^2\pi^2}$, $C_{2n} = 0$ となる．以上により，$u(x,t) =$

$\dfrac{8}{\pi^2}\displaystyle\sum_{n=1}^{\infty}\dfrac{(-1)^{n+1}}{(2n-1)^2}e^{-(2n-1)^2\pi^2 t}\sin(2n-1)\pi x.$

1.7

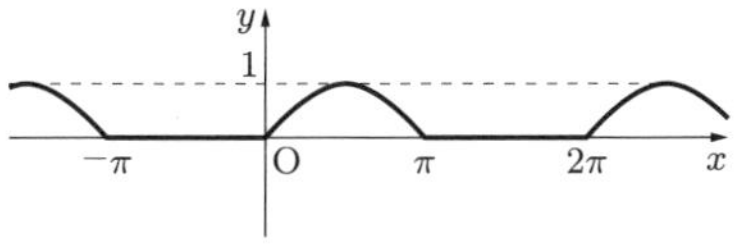

$$a_0 = \frac{1}{2\pi}\int_0^{\pi}\sin x\,dx = \frac{1}{\pi}$$

$$a_1 = \frac{2}{2\pi}\int_0^{\pi}\sin x\cos x\,dx = \frac{1}{2\pi}\int_0^{\pi}\sin 2x\,dx = 0$$

$$b_1 = \frac{2}{2\pi}\int_0^{\pi}\sin^2 x\,dx = \frac{1}{\pi}\cdot 2\cdot\frac{1}{2}\frac{\pi}{2} = \frac{1}{2}$$

$n \geqq 2$ のとき，

$$\begin{aligned} a_n &= \frac{2}{2\pi}\int_0^{\pi}\sin x\cos nx\,dx \\ &= \frac{1}{2\pi}\int_0^{\pi}\{\sin(n+1)x - \sin(n-1)x\}\,dx \\ &= \frac{1}{2\pi}\left\{-\frac{(-1)^{n+1}}{n+1} + \frac{(-1)^{n-1}}{n-1} + \frac{1}{n+1} - \frac{1}{n-1}\right\} \\ &= \frac{1}{\pi}\frac{(-1)^{n+1}-1}{(n-1)(n+1)} \end{aligned}$$

$$\begin{aligned} b_n &= \frac{2}{2\pi}\int_0^{\pi}\sin x\sin nx\,dx \\ &= -\frac{1}{2\pi}\int_0^{\pi}\{\cos(n+1)x - \cos(n-1)x\}\,dx \\ &= 0 \end{aligned}$$

したがって，求めるフーリエ級数は，

$$\frac{1}{\pi} + \frac{1}{2}\sin x - \frac{2}{\pi}\left(\frac{1}{1\cdot 3}\cos 2x + \frac{1}{3\cdot 5}\cos 4x + \frac{1}{5\cdot 7}\cos 6x + \cdots\right)$$

1.8

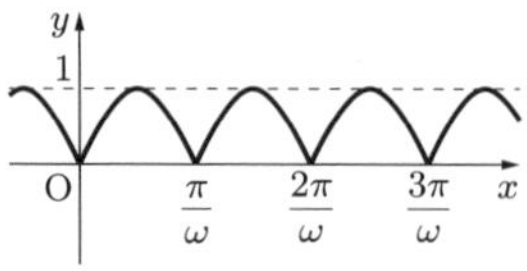

$f(x)$ は偶関数であるので，$b_n = 0$ $(n = 1, 2, 3, \ldots)$ となる．$L = \dfrac{\pi}{2\omega}$ とすると，

$$a_0 = \frac{1}{L}\int_0^L \sin\omega x\,dx = \frac{1}{L}\left[-\frac{1}{\omega}\cos\omega x\right]_0^L = \frac{2}{\pi}$$

自然数 n に対して，

$$\begin{aligned} a_n &= \frac{2}{L}\int_0^L f(x)\cos\frac{n\pi x}{L}\,dx \\ &= \frac{2}{L}\int_0^L \sin\omega x\cos 2n\omega x\,dx \\ &= \frac{2}{L}\int_0^L \frac{1}{2}\{\sin(1+2n)\omega x \\ &\qquad + \sin(1-2n)\omega x\}\,dx \\ &= -\frac{4}{\pi(2n-1)(2n+1)} \end{aligned}$$

したがって，$f(x)$ のフーリエ級数は，

$$\frac{2}{\pi} - \frac{4}{\pi}\sum_{n=1}^{\infty}\frac{1}{(2n-1)(2n+1)}\cos 2n\omega x$$
$$= \frac{2}{\pi} - \frac{4}{\pi}\left(\frac{1}{1\cdot 3}\cos 2\omega x + \frac{1}{3\cdot 5}\cos 4\omega x + \cdots\right)$$

1.9 (1) $a_0 = \dfrac{1}{2}\displaystyle\int_0^1 (1-x)\,dx = \dfrac{1}{4}$

$n \geqq 1$ のとき，

$$\begin{aligned} a_n &= \frac{2}{2}\int_0^1 (1-x)\cos n\pi x\,dx \\ &= \left[(1-x)\cdot\frac{1}{n\pi}\sin n\pi x\right]_0^1 \\ &\quad + \int_0^1 \frac{1}{n\pi}\sin n\pi x\,dx \\ &= \frac{1-(-1)^n}{n^2\pi^2} \end{aligned}$$

$$\begin{aligned} b_n &= \frac{2}{2}\int_0^1 (1-x)\sin n\pi x\,dx \\ &= -\left[(1-x)\cdot\frac{1}{n\pi}\cos n\pi x\right]_0^1 \\ &\quad - \int_0^1 \frac{1}{n\pi}\cos n\pi x\,dx \\ &= \frac{1}{n\pi} \end{aligned}$$

したがって，求めるフーリエ級数は

$$\frac{1}{4} + \sum_{n=1}^{\infty}\left\{\frac{1-(-1)^n}{n^2\pi^2}\cos n\pi x + \frac{1}{n\pi}\sin n\pi x\right\}$$

(2) (1) のフーリエ級数で，$x=0$ とすると，フーリエ級数の収束定理より，

$$\frac{f(-0)+f(+0)}{2} = \frac{1}{4} + \sum_{n=1}^{\infty}\frac{1-(-1)^n}{n^2\pi^2}$$ となる．したがって，

$$\frac{0+1}{2} = \frac{1}{4} + \frac{2}{\pi^2}\left(\frac{1}{1^2} + \frac{1}{3^2} + \frac{1}{5^2} + \cdots\right)$$

となるので，

$$\frac{1}{1^2} + \frac{1}{3^2} + \frac{1}{5^2} + \cdots = \frac{\pi^2}{8}$$

1.10 (1) $f(x)$ は偶関数であるので，$b_n = 0$ $(n = 1, 2, 3, \ldots)$ となる．

$$a_0 = \int_0^1 x^2\,dx = \frac{1}{3}$$

$n \geqq 1$ のとき，

$$\begin{aligned} a_n &= 2\int_0^1 x^2\cos n\pi x\,dx \\ &= 2\left[x^2\cdot\frac{1}{n\pi}\sin n\pi x\right]_0^1 \\ &\quad - 2\int_0^1 2x\cdot\frac{1}{n\pi}\sin n\pi x\,dx \\ &= \frac{4}{n^2\pi^2}\left[x\cos n\pi x\right]_0^1 \\ &\quad - \frac{4}{n^2\pi^2}\int_0^1 \cos n\pi x\,dx \\ &= \frac{4(-1)^n}{n^2\pi^2} \end{aligned}$$

したがって，求めるフーリエ級数は

$$\frac{1}{3} + \sum_{n=1}^{\infty}\frac{4(-1)^n}{n^2\pi^2}\cos n\pi x$$

(2) (1) のフーリエ級数で，$x = 0$ とすると，フーリエ級数の収束定理より，

$$\frac{f(-0)+f(+0)}{2} = \frac{1}{3} + \sum_{n=1}^{\infty}\frac{4(-1)^n}{n^2\pi^2}.$$ したがって，

$$0 = \frac{1}{3} + \frac{4}{\pi^2}\left(-\frac{1}{1^2} + \frac{1}{2^2} - \frac{1}{3^2} + \frac{1}{4^2} - \cdots\right)$$

となるので,

$$\frac{1}{1^2} - \frac{1}{2^2} + \frac{1}{3^2} - \frac{1}{4^2} + \cdots = \frac{\pi^2}{12}$$

1.11 $f(x)$ は奇関数であるので, フーリエ係数は $a_0 = a_n = 0$, $b_n = \int_0^1 x \sin n\pi x\, dx = \left[-\frac{x}{n\pi} \cos n\pi x \right]_0^1 + \int_0^1 \frac{1}{n\pi} \cos n\pi x\, dx = -\frac{2(-1)^n}{n\pi}$ $(n = 1, 2, \ldots)$ となる.

パーセバルの等式より, $\frac{1}{2}\int_{-1}^1 x^2\, dx = \frac{1}{2}\sum_{n=1}^{\infty} \frac{4}{\pi^2 n^2}$ が成り立つ.

左辺 $= \frac{1}{2}\left[\frac{x^3}{3}\right]_{-1}^1 = \frac{1}{3}$,

右辺 $= \frac{2}{\pi^2}\left(\frac{1}{1^2} + \frac{1}{2^2} + \frac{1}{3^2} + \cdots\right)$ より,

$$\frac{1}{3} = \frac{2}{\pi^2}\left(\frac{1}{1^2} + \frac{1}{2^2} + \frac{1}{3^2} + \cdots\right)$$

となるので, 求める等式を得る.

1.12 例題 1.2 と同様にして, $u_k(x,t) = \sin k\pi x\,(C_k \sin k\pi t + D_k \cos k\pi t)$ は境界条件を満たす偏微分方程式の解となる. $u(x,t) = \sum_{k=1}^{\infty} u_k(x,t)$ が初期条件を満たすように C_k, D_k の値を定める.

$$u(x,0) = \sum_{k=1}^{\infty} D_k \sin k\pi x$$

$$= \sum_{n=1}^{\infty} \frac{4(-1)^{n+1}}{(2n-1)^2\pi^2} \sin(2n-1)\pi x \text{ より},$$

$D_{2n-1} = \frac{4(-1)^{n+1}}{(2n-1)^2\pi^2}$, $D_{2n=0}$ $(n = 1, 2, 3, \ldots)$ となる.

また, $\frac{\partial}{\partial t}u(x,0) = \sum_{k=1}^{\infty} k\pi C_k \sin k\pi x = 0$ より, $C_k = 0$ $(k = 1, 2, \ldots)$ である.

以上により, 求める解は, $u(x,t) = \frac{4}{\pi^2}\sum_{n=1}^{\infty} \frac{(-1)^{n+1}}{(2n-1)^2} \sin(2n-1)\pi x \cos(2n-1)\pi t$ となる.

第2節 フーリエ変換

2.1 (1) $c_0 = \frac{1}{2}\int_{-1}^1 x\, dx = 0$,

$n \neq 0$ のとき, $c_n = \frac{1}{2}\int_{-1}^1 xe^{-in\pi x}\, dx = \frac{1}{2}\left(\left[-\frac{x}{in\pi}e^{-in\pi x}\right]_{-1}^1 + \int_{-1}^1 \frac{1}{in\pi}e^{-in\pi x} dx\right)$

$= -\frac{1}{2in\pi}\left(e^{-in\pi} + e^{in\pi}\right) = \frac{(-1)^n i}{n\pi}$.

複素フーリエ級数は, $\sum_{\substack{n=-\infty \\ n\neq 0}}^{\infty} \frac{(-1)^n}{n\pi} ie^{in\pi x}$.

(2) $c_n = \frac{1}{2\pi}\int_{-\pi}^{\pi} e^{(1-in)x}\, dx$

$$= \frac{1}{2\pi(1-in)}\left\{e^{(1-in)\pi} - e^{-(1-in)\pi}\right\}$$

$$= \frac{(e^{\pi} - e^{-\pi})(-1)^n(1+in)}{2\pi(1+n^2)}$$

複素フーリエ級数は,

$$\frac{e^{\pi} - e^{-\pi}}{2\pi}\sum_{n=-\infty}^{\infty} (-1)^n \frac{1+in}{1+n^2} e^{inx}$$

2.2 $\omega \neq 0$ のとき, $F(\omega) = \int_0^a (a-x)e^{-i\omega x}\, dx = \left[-\frac{a-x}{i\omega}e^{-i\omega x}\right]_0^a - \int_0^a \frac{1}{i\omega}e^{-i\omega x}\, dx = \frac{1-e^{-ia\omega}}{\omega^2} - \frac{ia}{\omega}$,

$F(0) = \int_0^a (a-x)\, dx = \frac{a^2}{2}$.

2.3 $\omega \neq 0$ のとき, $C(\omega) = 2\int_0^2 x\cos\omega x\, dx$

$= 2\left(\left[\frac{x}{\omega}\sin\omega x\right]_0^2 - \int_0^2 \frac{1}{\omega}\sin\omega x\, dx\right) = \frac{4\sin 2\omega}{\omega} + \frac{2(\cos 2\omega - 1)}{\omega^2}$, $C(0) = 2\int_0^2 x\, dx = 4$.

[note] $C(\omega) = 8\,\mathrm{sinc}\ 2\omega - 4(\mathrm{sinc}\ \omega)^2$ と表すこともできる.

2.4 (1) $\omega \neq 0$ のとき,

$$C(\omega) = 2\int_0^2 \left(1 - \frac{x}{2}\right)\cos\omega x\, dx$$

$$= 2\left\{\left[\left(1-\frac{x}{2}\right)\frac{1}{\omega}\sin\omega x\right]_0^2 + \int_0^2 \frac{1}{2\omega}\sin\omega x\,dx\right\}$$

$$= -\frac{1}{\omega^2}(\cos 2\omega - 1) = \frac{\sin^2\omega}{\omega^2}$$

$$= 2(\text{sinc }\omega)^2$$

$$C(0) = 2\int_0^2\left(1-\frac{x}{2}\right)dx = 2 = 2(\text{sinc }0)^2$$

したがって，$C(\omega) = 2(\text{sinc }\omega)^2$ となる．

(2) 偶関数の反転公式より，

$$f(x) = \frac{1}{\pi}\int_0^\infty 2(\text{sinc }\omega)^2\cos\omega x\,d\omega.$$

$x = 0$ を代入すると，$1 = \dfrac{2}{\pi}\displaystyle\int_0^\infty(\text{sinc }\omega)^2\,d\omega$

となるので，$\displaystyle\int_0^\infty(\text{sinc }\omega)^2\,d\omega = \frac{\pi}{2}$.

2.5　(1) $\mathcal{F}[g(x)] = \mathcal{F}[3f(x-5)]$

$= 3e^{-5i\omega}F(\omega) = 6e^{-5i\omega}\,\text{sinc }\omega$

(2) $\mathcal{F}[h(x)] = \mathcal{F}\left[3f\left(\dfrac{x}{2}\right)\right] = 6F(2\omega)$

$= 12\,\text{sinc }2\omega$

(3) $\mathcal{F}[k(x)] = \mathcal{F}[h(x-5)]$

$= 12e^{-5i\omega}\,\text{sinc }2\omega$

2.6　(1) $\dfrac{1}{4}\begin{pmatrix}1 & 1 & 1 & 1\\ 1 & -i & -1 & i\\ 1 & -1 & 1 & -1\\ 1 & i & -1 & -i\end{pmatrix}\begin{pmatrix}2\\1\\0\\1\end{pmatrix} = \dfrac{1}{4}\begin{pmatrix}4\\2\\0\\2\end{pmatrix}$

より，$\left(1,\ \dfrac{1}{2},\ 0,\ \dfrac{1}{2}\right)$.

(2) $\begin{pmatrix}1 & 1 & 1 & 1\\ 1 & i & -1 & -i\\ 1 & -1 & 1 & -1\\ 1 & -i & -1 & i\end{pmatrix}\cdot\dfrac{1}{4}\begin{pmatrix}4\\2\\0\\2\end{pmatrix} = \begin{pmatrix}2\\1\\0\\1\end{pmatrix}$

であるから，もとのデータと一致する．

2.7　$\widetilde{f}_C(x) = -ie^{ix} - e^{2ix} + ie^{-ix} = 2\sin x - \cos 2x - i\sin 2x$ より，$\widetilde{f}(x) = 2\sin x - \cos 2x$

2.8　$c_0 = \dfrac{1}{2}\displaystyle\int_0^1 x\,dx = \frac{1}{4}$

$n \neq 0$ のとき，

$$c_n = \frac{1}{2}\int_0^1 xe^{-in\pi x}dx$$

$$= \frac{1}{2}\left[-x\cdot\frac{1}{in\pi}e^{-in\pi x}\right]_0^1 + \frac{1}{2}\int_0^1\frac{1}{i\pi}e^{-in\pi x}\,dx$$

$$= \frac{(-1)^n-1}{2n^2\pi^2} + \frac{(-1)^n}{2n\pi}i$$

これより，

$a_0 = c_0 = \dfrac{1}{4}$, $a_n = 2\,\text{Re}\,c_n = \dfrac{(-1)^n-1}{n^2\pi^2}$,

$b_n = -2\,\text{Im}\,c_n = -\dfrac{(-1)^n}{n\pi}$ $(n = 1, 2, \ldots)$

したがって，フーリエ級数は

$$\frac{1}{4}+\sum_{n=1}^\infty\left\{\frac{(-1)^n-1}{n^2\pi^2}\cos n\pi x - \frac{(-1)^n}{n\pi}\sin n\pi x\right\}$$

$$= \frac{1}{4} - \frac{2}{\pi^2}\left(\cos\pi x + \frac{1}{9}\cos 3\pi x + \frac{1}{25}\cos 5\pi x + \cdots\right) + \frac{1}{\pi}\left(\sin\pi x - \frac{1}{2}\sin 2\pi x + \frac{1}{3}\sin 3\pi x - \cdots\right)$$

2.9　$F(\omega) = \displaystyle\int_0^\infty xe^{-(a+i\omega)x}\,dx$

$$= \left[-\frac{x}{a+i\omega}e^{-(a+i\omega)x}\right]_0^\infty + \int_0^\infty\frac{1}{a+i\omega}e^{-(a+i\omega)x}dx$$

$$= -\frac{1}{a+i\omega}\lim_{x\to\infty}\frac{x}{e^{(a+i\omega)x}} - \frac{1}{(a+i\omega)^2}\left\{\lim_{x\to\infty}e^{-(a+i\omega)x} - 1\right\}$$

ここで，$a > 0$ であるから，

$$\lim_{x\to\infty}\left|\frac{x}{e^{(a+i\omega)x}}\right| = \lim_{x\to\infty}\frac{x}{e^{ax}} = \lim_{x\to\infty}\frac{1}{ae^{ax}} = 0,$$

$$\lim_{x\to\infty}\left|e^{-(a+i\omega)x}\right| = \lim_{x\to\infty}\frac{1}{e^{ax}} = 0$$

である．したがって，$F(\omega) = \dfrac{1}{(a+i\omega)^2}$.

2.10　(1) $f(x)$ は偶関数であるので，フーリエ余弦変換を求める．

$$F(\omega) = 2\int_0^\pi\cos 3x\cos\omega x\,dx$$

$$= \int_0^\pi\{\cos(3+\omega)x + \cos(3-\omega)x\}\,dx$$

$\omega \neq \pm 3$ のとき，

$F(\omega)$

$$= \frac{1}{3+\omega}\sin(3+\omega)\pi + \frac{1}{3-\omega}\sin(3-\omega)\pi$$
$$= -\frac{1}{3+\omega}\sin\omega\pi + \frac{1}{3-\omega}\sin\omega\pi$$
$$= \frac{2\omega}{9-\omega^2}\sin\pi\omega$$

$\omega = \pm 3$ のとき，

$$F(\omega) = \int_0^{\pi}(\cos 6x + 1)\,dx = \pi$$

したがって，

$$F(\omega) = \begin{cases} \dfrac{2\omega}{9-\omega^2}\sin\pi\omega & (\omega \neq \pm 3) \\ \pi & (\omega = \pm 3) \end{cases}$$

(2) $F(\omega)$ は，$\omega \neq \pm 3$ では連続である．ロピタルの定理より，

$$\lim_{\omega\to\pm 3} F(\omega) = \lim_{\omega\to\pm 3}\frac{2\sin\pi\omega + 2\pi\omega\cos\pi\omega}{-2\omega}$$
$$= \lim_{\omega\to\pm 3}\left(-\frac{\sin\pi\omega}{\omega} - \pi\cos\pi\omega\right)$$
$$= \pi$$

したがって，$F(\omega)$ は $\omega = \pm 3$ でも連続である．

2.11 $S(\omega) = 2\displaystyle\int_0^{\infty} e^{-x}\sin\omega x\,dx$

$\omega \neq 0$ のとき，

$$S(\omega) = 2\left[-\frac{1}{\omega}e^{-x}\cos\omega x\right]_0^{\infty} - \frac{2}{\omega}\int_0^{\infty} e^{-x}\cos\omega x\,dx$$
$$= \frac{2}{\omega} - \frac{2}{\omega}\left(\left[\frac{1}{\omega}e^{-x}\sin\omega x\right]_0^{\infty} + \frac{1}{\omega}\int_0^{\infty} e^{-x}\sin\omega x\,dx\right)$$
$$= \frac{2}{\omega} - \frac{1}{\omega^2}S(\omega)$$

したがって，$S(\omega) = \dfrac{2\omega}{\omega^2+1}$.

一方，$S(0)=0$．以上により，$S(\omega) = \dfrac{2\omega}{\omega^2+1}$，

$F(\omega) = -iS(\omega) = -\dfrac{2i\omega}{\omega^2+1}$.

2.12 $f(x) = e^{-\frac{x^2}{2}}$，$F(\omega) = \sqrt{2\pi}e^{-\frac{\omega^2}{2}}$ とする．

(1) $e^{-x^2} = f(\sqrt{2}x)$ であるので，

$$\mathcal{F}\left[e^{-x^2}\right] = \mathcal{F}\left[f(\sqrt{2}x)\right] = \frac{1}{\sqrt{2}}F\left(\frac{\omega}{\sqrt{2}}\right)$$
$$= \sqrt{\pi}e^{-\frac{\omega^2}{4}}$$

(2) $f'(x) = -xe^{-\frac{x^2}{2}}$ であるので，

$$\mathcal{F}\left[xe^{-\frac{x^2}{2}}\right] = \mathcal{F}\left[-f'(x)\right] = -i\omega F(\omega)$$
$$= -\sqrt{2\pi}i\omega e^{-\frac{\omega^2}{2}}$$

(3) $\left(xe^{-\frac{x^2}{2}}\right)' = e^{-\frac{x^2}{2}} - x^2e^{-\frac{x^2}{2}}$ であるので，

$$\mathcal{F}\left[x^2e^{-\frac{x^2}{2}}\right] = \mathcal{F}\left[e^{-\frac{x^2}{2}}\right] - \mathcal{F}\left[\left(xe^{-\frac{x^2}{2}}\right)'\right]$$
$$= \sqrt{2\pi}e^{-\frac{\omega^2}{2}} - i\omega\mathcal{F}\left[xe^{-\frac{x^2}{2}}\right]$$
$$= \sqrt{2\pi}c^{-\frac{\omega^2}{2}} + \sqrt{2\pi}i^2\omega^2e^{-\frac{\omega^2}{2}}$$
$$= \sqrt{2\pi}(1-\omega^2)e^{-\frac{\omega^2}{2}}$$

2.13 (1) $f(x)$ は奇関数であるので，フーリエ正弦変換 $S(\omega)$ を求めると，$\omega \neq 0$ のとき，

$$S(\omega) = -2\int_0^1 \sin\omega x\,dx = \frac{2}{\omega}(\cos\omega - 1)$$

よって，$F(\omega) = -iS(\omega) = \dfrac{2i}{\omega}(1-\cos\omega)$.

(2) $x < -1$ のとき，$\displaystyle\int_{-\infty}^{x} f(t)\,dt = 0$

$-1 \leqq x < 0$ のとき，

$$\int_{-\infty}^{x} f(t)\,dt = \int_{-1}^{x} dt = 1 + x$$

$0 \leqq x \leqq 1$ のとき，

$$\int_{-\infty}^{x} f(t)\,dt = 1 - \int_0^x dt = 1 - x$$

$1 < x$ のとき，$\displaystyle\int_{-\infty}^{x} f(t)\,dt = 1 - 1 = 0$

以上により，$g(x) = \begin{cases} 1 - |x| & (|x| \leqq 1) \\ 0 & (|x| > 1) \end{cases}$

(3) $G(\omega) = \dfrac{1}{i\omega}F(\omega) = \dfrac{2}{\omega^2}(1-\cos\omega)$

2.14 複素フーリエ係数は

$$c_n = \frac{1}{T}\int_{-\frac{T}{2}}^{\frac{T}{2}} \delta(x)e^{-i\frac{2n\pi}{T}x}\,dx$$
$$= \frac{1}{T}\int_{-\infty}^{\infty} \delta(x)e^{-i\frac{2n\pi}{T}x}\,dx$$
$$= \frac{1}{T}e^0 = \frac{1}{T} \quad (n = 0, \pm 1, \pm 2, \dots)$$

であるので，複素フーリエ級数は

$$\frac{1}{T}\sum_{n=-\infty}^{\infty} e^{i\frac{2n\pi}{T}x}$$

2.15　(1) $\mathcal{F}[\delta(x)] = 1$ であるので，反転公式より，$\delta(x) = \dfrac{1}{2\pi}\displaystyle\int_{-\infty}^{\infty} e^{-i\omega x}\,d\omega$. x と ω を入れ換えると，$\delta(\omega) = \dfrac{1}{2\pi}\displaystyle\int_{-\infty}^{\infty} e^{-i\omega x}\,dx$.

(2) (1) により，

$$\delta\left(\omega - \frac{2n\pi}{T}\right) = \frac{1}{2\pi}\int_{-\infty}^{\infty} e^{-i(\omega-\frac{2n\pi}{T})x}\,dx$$
$$= \frac{1}{2\pi}\int_{-\infty}^{\infty} e^{i\frac{2n\pi}{T}x}e^{-i\omega x}\,dx$$
$$= \frac{1}{2\pi}\mathcal{F}\left[e^{i\frac{2n\pi}{T}x}\right]$$

(3) (2) により，

$$\mathcal{F}\left[\sum_{n=-\infty}^{\infty} c_n e^{i\frac{2n\pi}{T}x}\right]$$
$$= \sum_{n=-\infty}^{\infty} c_n \mathcal{F}\left[e^{i\frac{2n\pi}{T}x}\right]$$
$$=2\pi\sum_{n=-\infty}^{\infty} c_n\delta\left(\omega - \frac{2n\pi}{T}\right)$$

2.16　(1) $\mathcal{F}\left[e^{-\frac{x^2}{a}} * e^{-\frac{x^2}{b}}\right]$

$$= \mathcal{F}\left[e^{-\frac{x^2}{a}}\right]\mathcal{F}\left[e^{-\frac{x^2}{b}}\right] = \sqrt{ab}\pi e^{-\frac{(a+b)\omega^2}{4}}$$

(2) $\mathcal{F}\left[e^{-x^2} * e^{-x^2}\right] = \mathcal{F}\left[e^{-x^2}\right]^2$

$$= \pi e^{-\frac{\omega^2}{2}}$$

C 問題

1　(1) $f(x)$ は奇関数であるので，

$a_n = 0\ (n = 0, 1, 2, \ldots)$,

$$b_n = \frac{4}{\pi}\int_0^{\frac{\pi}{2}} x\cos 2x\sin 2nx\,dx$$

$(n = 1, 2, \ldots)$

$$b_1 = \frac{4}{\pi}\int_0^{\pi} x\sin 2x\cos 2x\,dx$$
$$= \frac{2}{\pi}\int_0^{\pi} x\sin 4x\,dx$$
$$= \frac{2}{\pi}\left\{\left[-\frac{x}{4}\cos 4x\right]_0^{\frac{\pi}{2}} + \int_0^{\frac{\pi}{2}}\frac{1}{4}\cos 4x\,dx\right\}$$
$$= \frac{2}{\pi}\cdot\left(-\frac{1}{4}\cdot\frac{\pi}{2}\right) = -\frac{1}{4}$$

であり，$n \geqq 2$ に対しては次のようになる．

$$b_n = \frac{4}{\pi}\int_0^{\frac{\pi}{2}} x\cos 2x\sin 2nx\,dx$$
$$= \frac{2}{\pi}\int_0^{\frac{\pi}{2}} x\{\sin 2(n+1)x + \sin 2(n-1)x\}dx$$
$$= \frac{2}{\pi}\left[-\frac{x}{2(n+1)}\cos 2(n+1)x - \frac{x}{2(n-1)}\cos 2(n-1)x\right]_0^{\frac{\pi}{2}}$$
$$+ \frac{2}{\pi}\int_0^{\frac{\pi}{2}}\left\{\frac{1}{2(n+1)}\cos 2(n+1)x + \frac{1}{2(n-1)}\cos 2(n-1)x\right\}dx$$
$$= -\frac{2}{\pi}\cdot\frac{\pi}{4}\left\{\frac{(-1)^{n+1}}{n+1} + \frac{(-1)^{n-1}}{n-1}\right\}$$
$$= -\frac{(-1)^{n+1}}{2}\left(\frac{1}{n+1} + \frac{1}{n-1}\right)$$
$$= \frac{(-1)^n n}{n^2-1}$$

(2) パーセバルの等式より，$\dfrac{1}{\pi}\displaystyle\int_{-\frac{\pi}{2}}^{\frac{\pi}{2}}\{f(x)\}^2\,dx = \dfrac{1}{2}\displaystyle\sum_{n=1}^{\infty} {b_n}^2$. したがって，

$$\sum_{n=1}^{\infty} {b_n}^2 = \frac{2}{\pi}\int_{-\frac{\pi}{2}}^{\frac{\pi}{2}}\{f(x)\}^2\,dx$$
$$= \frac{4}{\pi}\int_0^{\frac{\pi}{2}} x^2\cos^2 2x\,dx$$
$$= \frac{2}{\pi}\int_0^{\frac{\pi}{2}} x^2(\cos 4x + 1)\,dx$$
$$= \frac{2}{\pi}\left\{\left[\frac{x^2}{4}\sin 4x\right]_0^{\frac{\pi}{2}} - \int_0^{\frac{\pi}{2}}\frac{x}{2}\sin 4x\,dx\right\} + \frac{2}{\pi}\cdot\frac{1}{3}\left(\frac{\pi}{2}\right)^3$$
$$= \frac{2}{\pi}\left\{\left[\frac{x}{8}\cos 4x\right]_0^{\frac{\pi}{2}} - \int_0^{\frac{\pi}{2}}\frac{1}{8}\cos 4x\,dx\right\} + \frac{\pi^2}{12}$$
$$= \frac{2}{\pi}\cdot\frac{\pi}{16} + \frac{\pi^2}{12} = \frac{1}{8} + \frac{\pi^2}{12}$$

監修者　上野　健爾　京都大学名誉教授・四日市大学関孝和数学研究所長
理学博士

編　者　高専の数学教材研究会

編集委員（五十音順）

阿蘇　和寿　石川工業高等専門学校名誉教授［執筆代表］
梅野　善雄　一関工業高等専門学校名誉教授
佐藤　義隆　東京工業高等専門学校名誉教授
長水　壽寛　福井工業高等専門学校教授
馬渕　雅生　八戸工業高等専門学校教授
柳井　忠　新居浜工業高等専門学校名誉教授

執筆者（五十音順）

阿蘇　和寿　石川工業高等専門学校名誉教授
梅野　善雄　一関工業高等専門学校名誉教授
大貫　洋介　鈴鹿工業高等専門学校准教授
小原　康博　熊本高等専門学校名誉教授
片方　江　東北学院大学准教授
勝谷　浩明　豊田工業高等専門学校教授
栗原　博之　茨城大学教授
古城　克也　新居浜工業高等専門学校教授
小中澤聖二　東京工業高等専門学校教授
小鉢　暢夫　熊本高等専門学校准教授
小林　茂樹　長野工業高等専門学校教授
佐藤　巌　小山工業高等専門学校名誉教授
佐藤　直紀　長岡工業高等専門学校准教授
佐藤　義隆　東京工業高等専門学校名誉教授
高田　功　明石工業高等専門学校教授
徳一　保生　北九州工業高等専門学校名誉教授
冨山　正人　石川工業高等専門学校教授
長岡　耕一　旭川工業高等専門学校名誉教授
中谷　実伸　福井工業高等専門学校教授
長水　壽寛　福井工業高等専門学校教授
波止元　仁　東京工業高等専門学校准教授
松澤　寛　神奈川大学教授
松田　修　津山工業高等専門学校教授
馬渕　雅生　八戸工業高等専門学校教授
宮田　一郎　元金沢工業高等専門学校教授
森田　健二　石川工業高等専門学校教授
森本　真理　秋田工業高等専門学校准教授
安冨　真一　東邦大学教授
柳井　忠　新居浜工業高等専門学校名誉教授
山田　章　長岡工業高等専門学校教授
山本　茂樹　茨城工業高等専門学校名誉教授
渡利　正弘　芝浦工業大学特任准教授/クアラルンプール大学講師

（所属および肩書きは 2023 年 10 月現在のものです）

高専テキストシリーズ
応用数学問題集（第 2 版）

2014 年 1 月 31 日　第 1 版第 1 刷発行
2023 年 2 月 10 日　第 1 版第 7 刷発行
2023 年 12 月 19 日　第 2 版第 1 刷発行

編者　高専の数学教材研究会

編集担当　太田陽喬（森北出版）
編集責任　上村紗帆（森北出版）
組版　ウルス
印刷　創栄図書印刷
製本　同

発行者　森北博巳
発行所　森北出版株式会社
〒102–0071　東京都千代田区富士見 1–4–11
03–3265–8342（営業・宣伝マネジメント部）
https://www.morikita.co.jp/

ISBN978–4–627–05612–1